普通高等教育风能与动力工程专业系列教材

风力发电机组监测与控制

第 2 版

主编　叶杭冶

参编　许国东　史晓鸣　孙　勇

机 械 工 业 出 版 社

本书介绍风力发电机组控制与测试技术研究的基础内容及控制系统的设计方法。首先介绍与风力发电控制技术相关的基本概念，包括风力机的能量转换，风力发电机组的运行工况与约束条件；然后介绍风力发电机组的特性和建模，在此基础上介绍变速恒频风力发电机组的基本控制目标、控制策略与控制方法；接下来介绍控制系统的设计方法及工具软件的应用；再讨论双馈异步发电机和永磁同步发电机的并网技术及对电网的适应性控制技术；最后介绍风力发电机组的状态监测与性能测试技术。

本书可作为高等学校本科生和研究生教学用书，也可供从事风力发电技术研究的工程技术人员参考。

图书在版编目（CIP）数据

风力发电机组监测与控制/叶杭冶主编 . —2 版 . —北京：机械工业出版社，2018.12（2024.2重印）

普通高等教育风能与动力工程专业系列教材

ISBN 978-7-111-61235-3

Ⅰ. ①风⋯　Ⅱ. ①叶⋯　Ⅲ. ①风力发电机-机组-监测-高等学校-教材②风力发电机-机组-控制-高等学校-教材　Ⅳ. ①TM315

中国版本图书馆 CIP 数据核字（2018）第 245115 号

机械工业出版社（北京市百万庄大街 22 号　邮政编码 100037）
策划编辑：王雅新　责任编辑：王雅新　张珂玲
责任校对：张　薇　封面设计：张　静
责任印制：常天培
北京机工印刷厂有限公司印刷
2024 年 2 月第 2 版第 5 次印刷
184mm×260mm · 12 印张 · 295 千字
标准书号：ISBN 978-7-111-61235-3
定价：32.00 元

凡购本书，如有缺页、倒页、脱页，由本社发行部调换
电话服务　　　　　　　　网络服务
服务咨询热线：010-88379833　机 工 官 网：www.cmpbook.com
读者购书热线：010-88379649　机 工 官 博：weibo.com/cmp1952
　　　　　　　　　　　　　　教育服务网：www.cmpedu.com
封面无防伪标均为盗版　金 书 网：www.golden-book.com

前　言

　　自本书第 1 版 2011 年出版后，我国风力发电技术产业经历了从新兴的高速发展时期走向成熟的稳定发展时期。这期间风力发电机组的检测与控制技术有了很大的进步，第 1 版中的许多内容已不再适用，需要更新补充。在征求了高校相关专业教师的意见后，编者对第 1 版进行了全面修订。

　　与第 1 版相比第 2 版在以下章节进行了较大修改：

　　第一章绪论中补充了风力发电机组控制技术未来发展趋势的内容。

　　第二章由定桨恒速风力发电机组的控制改为风力发电机组的运行条件，介绍与风力发电控制技术相关的基本概念，包括风力机的能量转换、风力发电机组的运行工况与约束条件。

　　第三章改为风力发电机组的特性和建模，增加了变桨系统与塔架的动态特性。

　　为了与第三章内容更好地衔接，将第 1 版第五章、第六章的内容改至第 2 版的第四章、第五章中。

　　第六章改为风力发电机组的基本控制逻辑，将风力发电机组开机、停机、偏航、安全保护等基本控制逻辑专门作为一个章节介绍。

　　第七章控制系统的执行机构及传感器的内容并入其他相关章节，其余内容被删除。

　　第 1 版的第四章改为第七章，即风力发电机组的并网控制技术。其中内容按最新的国家（国际）标准、规范做了修改和补充。

　　本次修订由叶杭冶、许国东、史晓鸣、孙勇等完成，由叶杭冶负责统筹定稿。沈阳工业大学王晓东老师对本书的修订提出了宝贵的意见和建议，在此向他表示衷心感谢。

　　近 10 年来风力发电技术的发展远远超出了本书涉及的范围，本书的修订只局限于基础知识与基本概念。书中若有疏漏与错误之处，恳请读者批评指正。

编　者

目　录

第一章 绪 论

风力发电机组的控制与监测技术是实现能源互联网化与智能化的基础。人们对清洁能源的巨大期望，促使风电产业高速发展，从而促进了风力发电技术的不断进步，为风电产业更大规模的发展提供了可能。在风力发电技术的发展过程中，控制与监测技术始终起着主导作用，并且随着能源互联网与智能化的推进，其重要性更加突出。

第一节 风力发电机组的总体结构

并网型风力发电机组已从定桨恒速风力发电机组（见图1-1）发展成变速恒频风力发电机组。目前变速恒频风力发电机组主要有采用双馈式异步发电机（见图1-2）和采用永磁式同步发电机（见图1-3）两种。

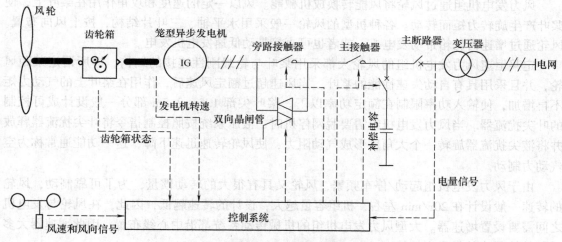

图1-1 定桨恒速风力发电机组总体结构

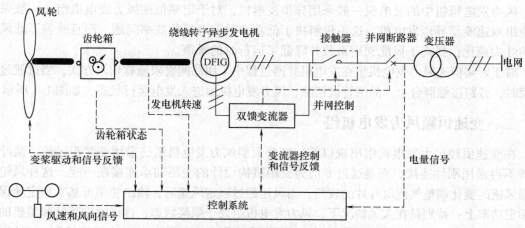

图1-2 双馈异步式变速恒频风力发电机组总体结构

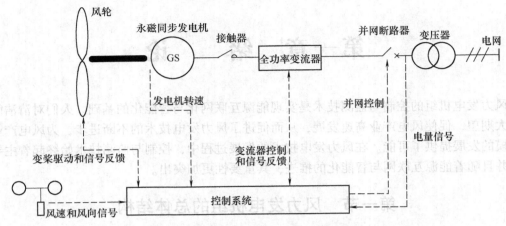

图 1-3　永磁同步式变速恒频风力发电机组总体结构

一、定桨恒速风力发电机组

风力发电机组通过风轮将风能转换成机械能。风以一定的速度和攻角作用在桨叶上，使桨叶产生旋转力矩而转动。各种机型的风轮一般采用水平轴、三叶片结构，按上风向布置。风轮通过增速齿轮箱带动发电机，或者也可直接带动低速发电机发电。

定桨恒速风力发电机组的风轮大都采用桨叶与轮毂刚性连接的结构，即所谓定桨距风轮，并且采用具有自动失速性能的桨叶，当风速超过额定风速后，作用在桨叶上的气动力矩不再增加，使输入功率限制在额定功率以下。桨叶尖部 1.5～2.5m 部分一般设计成可控制的叶尖扰流器。当风力发电机组需要脱网停机时，液压系统按照控制指令将叶尖扰流器释放并将液尖扰流器旋转一个大角度形成气动阻力，使风轮转速迅速下降，这一功能通常称为空气动力制动。

由于风力发电机组起动/停车频繁，风轮又具有很大的转动惯量，为了可靠制动，风轮的转速一般设计在 20r/min 左右，机组容量越大，设计的转速越低，因此，在风轮与发电机之间需要设置增速器。大型风力发电机组的机械传动系统都沿中心线布置，因此增速器大多采用结构紧凑的行星齿轮箱。

风力发电机组中的发电机一般采用异步发电机，对于定桨恒速风力发电机组，一般采用双绕组双速笼型异步发电机，这不仅解决了低功率时发电机的效率问题，而且改善了低风速时的叶尖速比，提高了风能利用系数并降低了运行时的噪声。

对于定桨恒速风力发电机组在发电机并网过程中采用晶闸管限流软切入方式，当过渡过程结束时，旁路接触器合上，晶闸管被切除，风力发电机组进入发电运行状态，如图 1-1 所示。

二、变速恒频风力发电机组

在变速恒频风力发电机组出现以前，部分大型风力发电机组已采用变桨距风轮，桨叶与轮毂不再采用刚性连接，而是通过专门为变距机构设计的变距轴承连接在一起。这种风轮可根据风速的变化调整气流对叶片的攻角，当风速超过额定风速后，输出功率可基本稳定地保持在额定功率上；特别是在大风情况下，风力发电机组处于顺桨状态，这样就使桨叶和整机的受力状况大为改善。由于变桨控制的响应速度跟不上风速的变化，在变速恒频控制出现以前，采用的是高滑差发电机（转差率可控），这种变速方式可以在有限的范围内实现变速运行，以稳定功率输出。

变速恒频风力发电机组在变桨距风力发电机组的基础上采用了转速可以在大范围变化的双馈式异步发电机或永磁式同步发电机及相应的电力电子技术，通过对最佳叶尖速比的跟踪，使风力发电机组在所有的风速下均可获得最佳的功率输出。

变速恒频风电力发机组的主流机型是双馈异步式风力发电机组和永磁同步风力发电机组。双馈异步式变速恒频风力发电机组的发电机定子直接与电网相连，转子通过变流器与电网相连，变流器采用交流励磁变速恒频技术，控制发电机定子以恒压恒频向电网输电，如图 1-2 所示。低速永磁同步式变速恒频风力发电机组不带增速齿轮箱，发电机转子为永磁体，由定子通过全功率变流器向电网输电，如图 1-3 所示。这两种机组都可以由变流器实现无冲击并网和脱网。

在风力发电机组的控制中，变桨控制和变速控制一般不是独立地用作风力发电机组控制的两种控制方案，而是互相支持、互相依存的两种技术。没有变速控制的变桨距风力发电机组或没有变桨控制的变速风力发电机组都是难以稳定运行的。

第二节 控制系统的作用

风力发电机组的动态特性是由机组的各部件的动态特性构成的，它包括风轮（桨叶）的气动特性、传动系统的动态特性、发电机的动态特性及控制系统的动态特性，如图 1-4 所示。

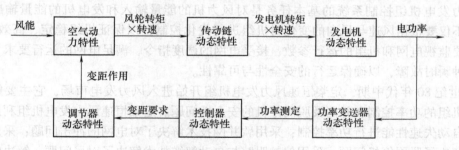

图 1-4 风力发电机组的动态特性

对于风力发电机组，特别是变速恒频风力发电机组的设计，还应考虑整机的结构动力学问题，以便机组在运行或调节过程中避开系统的自振频率。

一台已设计好的风力发电机组，其动态特性是确定的，即对于任何给定的输入，它有一个确定的输出响应。如果输入是恒定的，可以通过设计使得系统具有最佳输出；如果输入是变化的，我们希望系统能根据变化来进行适当的调整，使系统保持最佳输出。控制系统的作用就是根据它所接收到的机组及其工作环境信息，调节机组使其按照预先设定的要求运行。

对于定桨恒速风力发电机组，当输入变化时，控制系统对机组的调整非常有限，如当风向改变时，通过偏航系统调整其风轮方向，或在风速变化时切换发电机绕组，进行变极调速，对其动态响应特性没有施加任何影响，因此，在输入变化的情况下，风力发电机组只有很小机会运行在最佳状态下。机组的控制方式如图 1-5 所示。

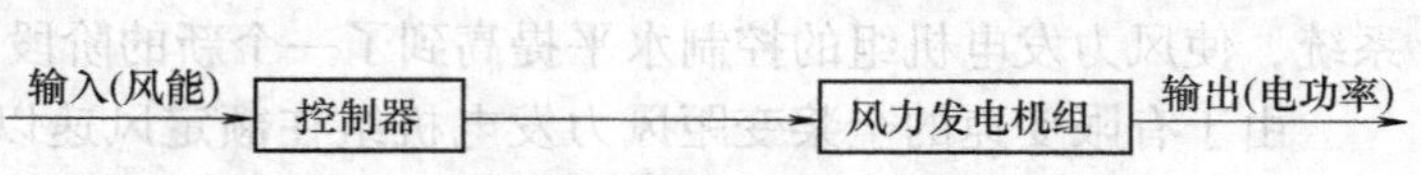

对于变速恒频风力发电机

输入(风能) →【控制器】→【风力发电机组】→ 输出(电功率)

图 1-5 定桨恒速风力发电机组的控制方式

组，由于采用了闭环控制（如图1-2所示），因此控制系统可以完全决定系统的动态响应特性，并且控制系统可以根据输入的变化对输出进行控制。

表示风力发电机组动态特性的微分方程通常写成如下形式：

$$I\Phi'' + B\Phi' + K\Phi = F_A \qquad (1-1)$$

式中，I 为风力发电机组的转动惯量；B 为阻尼系数；K 为传动系统的刚性系数；F_A 为驱动力；Φ 为轴的旋转角度。

当系统加入控制力 F_C 后，其动态特性方程改变为

$$I\Phi'' + B'\Phi + K\Phi = F_A - F_C \qquad (1-2)$$

假定控制力 F_C 是以比例加积分的方式作用在旋转轴上的，即

$$F_C = k_1\Phi + k_2\Phi' \qquad (1-3)$$

这时，微分方程可以写成

$$I\Phi'' + (B + k_2)\Phi' + (K + k_1)\Phi = F_A \qquad (1-4)$$

其中阻尼系数从 B 增加到 $(B + k_2)$，刚性系数从 K 增加到 $(K + k_1)$。

从式(1-4) 可以看到，由于控制系统的作用，改变了系统的动态特性，但系统的物理参数和所受的外力并没有改变。

第三节　控制系统的基本任务

风力发电机组控制系统的基本任务是对风力机的能量输入和发电机的能量输出进行控制。它不仅要根据风速与风向的变化对机组进行优化控制，以保证机组稳定、高效地运行；而且还要监视电网和机组的运行参数，接受电网的调度指令，满足电网的运行要求，应对电网的各种瞬时故障，以确保运行的安全性与可靠性。

20世纪80年代中期，定桨恒速风力发电机组开始进入风力发电市场，它主要解决了风力发电机组的功率控制和并网及脱网停机的安全性问题。定桨恒速风力发电机组利用风力机桨叶的自动失速性能进行功率控制；采用软并网技术解决了对电网的冲击问题；采用空气动力制动解决了脱网停机问题；采用偏航跟踪与自动解缆技术解决了对风问题，解决的这些问题都是并网运行的风力发电机组控制系统最基本的问题。由于功率输出是由桨叶自身的性能来决定的，叶片的桨距角在安装时已经固定，而发电机的转速受到电网频率的限制。因此，只要在允许的风速范围内，定桨恒速风力发电机组的控制系统在运行过程中对由于风速变化引起输出能量的变化是不作任何控制的。这就大大简化了控制系统和相应的执行机构结构，使得定桨恒速风力发电机组能够在较短的时间内实现商业化运行。

20世纪90年代初期，基于高转差异步发电机进行有限变速的全桨变距风力发电机组开始进入风力发电市场。采用全桨变距的风力发电机组，起动时可对转速进行控制，并网后可对功率进行控制，使风力发电机组的起动性能和功率输出特性都有显著改善。在控制系统的执行机构方面，液压系统不再是简单的以制动为目的的执行机构，为实现变桨控制，它采用电液比例阀或电液伺服阀组成了闭环控制系统，随后又开发了基于机电伺服系统的独立变桨系统，使风力发电机组的控制水平提高到了一个新的阶段。

由于有限变速的全桨变距风力发电机组在额定风速以下运行时的效果仍不理想，到20世纪90年代中期，基于变速恒频技术的全桨变距风力发电机组开始进入风电市场。变速恒

频风力发电机组与定桨恒速风力发电机组的根本区别在于，变速恒频风力发电机组允许风轮转速跟随风速在相当宽的范围内变化，从而使机组获得最佳功率输出特性。变速恒频风力发电机组的主要特点：当低于额定风速时，它能最大限度地跟踪最佳功率曲线，使风力发电机组具有较高的风能转换效率；当高于额定风速时，它可以增加传动系统的柔性，使功率输出更加稳定，特别是解决了电网故障穿越、参与电网电压调控、惯量响应与一次调频等问题后，它达到了高效率、高质量地向电网提供电能的目的。风力发电机组从定桨距恒速运行发展到基于变速恒频技术的变速运行，实现了从能够向电网提供电能到理想地向电网提供电能的转变。

今后，运用互联网、大数据、云计算和物联网等技术提升风力发电系统的运行可靠性和发电效率、降低风电系统故障率和运维成本，将成为风电技术的一个重要发展趋势。风力发电智能化控制包括机级控制和场级控制两个方面。

在机级控制方面，基于现代传感检测技术的风力发电机组健康监测、振动监测、智能润滑、智能偏航、智能变桨、智能解缆等将是必然的发展趋势。在风力发电机组各部件内布置成百上千个传感器，实时监测风力发电机组的运行状态，并经通信网络传送到远端和云端服务器，服务器根据高效算法和大数据信息，实时给出最优的控制策略，可极大地增强风力发电机组的控制效率，提高其自诊断和自适应能力，显著降低人工干预和现场维护的频率。大型风力发电机组的故障主要集中在齿轮箱、发电机、叶片、电气系统和偏航系统等关键部件上。这些关键部件一旦出现故障，会造成风力发电机组停机，且维修维护成本很高，严重地影响了风力发电系统的经济效益，对于海上大型风力发电机组来说这一问题更为突出。目前，大型风力发电机组虽然已经普遍安装了在线监测系统，但是在数据采集的全面性、数据处理的实时性、大数据的应用、故障诊断和控制策略优化等方面与智能化还有很大的差距，因此，风力发电机组在控制方面还有很大的技术提升空间。

在场级控制方面，风电场机组的协同智能控制和风电场全寿命周期智能管理是两个重要发展方向。风力发电机组协同智能控制着眼于风电场整体的发电效率，根据风电场整体气象数据和风电场内局部对风的测量数据，在机级智能控制的基础上，实时综合运用尾流控制，前馈控制以及场内机组信息共享等多种智能技术，实现风电场发电效益的最大化和整体故障率的降低。风电场全寿命周期智能管理是风电场在规划、建设、运行、维护和电网协同等多个方面长周期效益最大化的管理智能化集成。它将风资源评估、风力发电场建设、风功率预测、故障诊断与预警、风电场能量管理、电力调度与交易等各个环节整合起来，形成基于大数据和云计算的智能管理平台。智能型风电场管理平台具备信息的标准化采集、监控和存储，在线式的健康状态分析与评估等功能，并基于检测和数据挖掘技术的大数据运维系统可将造成问题的隐患及时排除并制定与之相对应的运维策略，从而将风电运维成本降到最低。

第四节 控制系统的结构与通信协议

一、控制系统的结构

图 1-6 是一个典型的双馈式变速恒频风力发电机组控制系统的总体结构图。

控制系统由机舱控制部分和塔基控制部分组成，变桨系统控制风力发电机组的能量输入；变流器控制发电机组能量输出。控制系统采用模块化分布式配置。机舱控制部分主要由

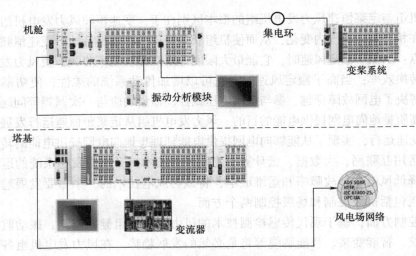

图 1-6 控制系统的总体结构

通信模块和输入/输出模块组成,其中,输入/输出模块提供数字量和模拟量的输入/输出与PT100 输入接口,可实现风速、风向、风轮转速、发电机转速、机舱位置、环境温度、发电机绕组与轴承温度、液压系统压力及安全链等信号的测量以及偏航系统与液压系统等执行结构的控制;通信模块可实现与振动传感器及变桨系统等子系统的通信。塔基控制部分主要由主控制模块、通信模块、电网测量模块和输入/输出模块组成,其中,塔基通信模块可实现与变流器等子系统的通信;电网测量模块实现对电网参数如电压、电流的采集和计算;主控制模块实现控制软件的实时运行,实现数据采集与运算、机组起停控制、变速变桨核心算法以及数据的存储与转发等功能。

在一般情况下,控制系统的核心模块位于塔基控制柜内,机舱控制器采集到的传感器等状态信息由光纤通信模块转换为光纤信号经塔架传输到达塔基控制柜的光纤通信模块中,经中央处理器处理后,由光纤通信模块返回给机舱控制器,控制各个子系统执行元器件的输出。

机舱控制柜的主要作用:

1)采集机舱内振动开关、油位、压差、左右扭缆、磨损、预磨损、发电机电刷、机组润滑与断路器反馈等开关量信号;采集并处理风轮转速、发电机转速、风速风向、温度及振动等模拟量信号,并由光纤通信模块转换为光纤信号经塔架传输到达塔基控制柜内,经中央处理器处理后,由光纤通信模块返回给机舱控制器,控制各个子系统执行元器件的输出。

2)通过集电环给变桨系统供电,建立通信和开关量之间的信号交互,通过紧急顺桨指令(Emergency Feather Command,EFC)可控制变桨系统紧急顺桨。通过与变桨系统通信,发送位置信号给变桨系统,实现风轮桨距角的动态控制与功率控制。

塔基控制柜的主要作用:

1)控制系统的主 CPU 模块位于塔基控制柜内,主要完成数据采集、处理、逻辑运算与判断、信号输出以及数据存储;对外围执行机构发出控制指令;与机舱控制柜进行通信,接收机舱信号,返回控制信号;与变流器通信,实现风力发电机组有功功率、无功功率以及变速恒频控制;与风电场中央监控系统通信,实现对机组运行状态的监控。

2)对变流器、变桨系统、液压系统状况、偏航系统状况、润滑系统状况、齿轮箱状况及机组关键设备的温度和环境温度等监控;通过对变流器和变桨系统的协调控制,实现机组变速恒频运行、有功功率与无功功率调节、并网与脱网控制；实现偏航自动对风、自动解缆、发电机和主轴的自动润滑、主要部件的除湿加热和散热器的开停等控制功能。

3）对机组三相电压与电流进行测量与计算，实现对电网电压、电流、相位与频率的监控，以及机组有功发电量、有功耗电量、无功发电量与无功耗电量的统计。

4）通过和机舱相连的信号线，实现机组起动、停机与安全链保护、手动偏航与手动变桨等功能。

在塔基上，风力发电机组所接入的传感器主要有塔基温度传感器、塔基柜温度传感器、变流器网侧与机侧温度传感器等，分别用于检测塔基温度、塔基柜内部温度、变流器网侧与机侧温度等。

在机舱上，齿轮箱所接入的传感器主要有润滑油压力传感器、油温温度传感器、油位传感器与滤芯堵塞传感器，分别监测齿轮箱润滑油油压、油温、油位以及滤芯堵塞状态；发电机所接入的传感器主要有绕组温度传感器、轴承温度传感器与集电环室温度传感器，分别监测发电机各个绕组温度、驱动轴承温度、非驱动轴承温度与集电环室温度；液压系统所接入的传感器主要有系统压力传感器、油位传感器与偏航回路压力传感器，分别监测液压系统压力、油位与偏航回路压力；偏航系统所接入的传感器主要有偏航接近开关与扭缆保护开关，分别用于计算机组偏航位置、扭缆状态以及防止机组过度扭缆的监测。除此之外，还有风轮转速与发电机转速监测接近开关、机组振动传感器、风速风向传感器、环境温度传感器、环境湿度与气压传感器等。为提高风力发电机组运行的可靠性，大型风力发电机组一般都安装在线监测系统，实现机组传动链的监测和保护，如监测主轴承、齿轮箱、联轴器与发电机的受力和振动情况，可以提前发现主要部件存在的隐患与问题，以减少风力发电机组的维护成本。

主控系统和在线监测系统可通过风电场级数据服务器，实现风电场的远程监控与故障诊断。借助能源互联网技术，构建基于大数据的风电系统信息化云平台，通过整合运行、气象、电网、电力市场等的数据，进行大数据分析、负荷预测、发电预测与机器学习，打通并优化能源生产和能源消费端的通道，提升运作效率，使需求和供应可以随时进行动态调整，实现风电大数据的采集分析、智能监控与管理、预测性的维护与检修、故障预测与健康管理、性能评估与优化、能量智能调度等功能。打造一个智能、健康、友好、高效的智慧型新能源发电站。

二、CANopen 通信协议

风力发电机组主控系统与变流器、变桨系统等部件之间的通信协议通常采用 CANopen。CANopen 是一种架构在控制器局域网路（Controller Area Network，CAN）上的高层通信协议，该协议着重定义了应用层以及相关部件的通信架构，详细内容包括对象字典、网络管理、启动配置、各种传输对象等。其中，对象字典是 CANopen 的关键，它保存了一个 CANopen 节点所有的配置参数和通信数据，也提供了 CANopen 应用层和用户程序交流的接口。一个标准的 CANopen 节点结构如图 1-7 所示，在数据链路层之上，添加了应用层。

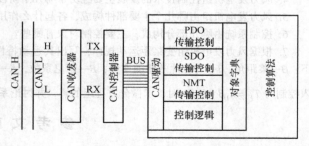

图 1-7 CANopen 节点结构

CANopen 应用层协议细化了 CAN 总

线协议中关于标识符的定义。定义标准报文的 11 位标识符中高 4 位为功能码，后 7 位为节点号，并将其重命名为通信对象标识符（COB – ID）。功能码将所有的报文分为 7 个优先级，按照优先级从高至低依次为：网络（NMT）命令报文、同步（SYNC）报文、紧急（EMERGENCY）报文、时间（TIME）戳、过程数据对象（PDO）、服务数据对象（SDO）和节点状态（NMT Error Control）报文。7 位节点号表明 CANopen 网络最多可支持 127 个节点共存（0 号节点为主站）。

　　NMT 命令为最高优先级报文，由 CANopen 主站发出，用以更改从节点的运行状态。SYNC 报文定期由 CANopen 主站发出，所有的同步 PDO 根据 SYNC 报文发送数据。EMERGENCY 报文由出现紧急状态的从节点发出，任何具有紧急事件监控与处理能力的节点会接收并处理紧急报文。TIME 报文由 CANopen 主站发出，用于同步所有从站的内部时钟。PDO 分为 4 对发送和接收 PDO，每一个节点默认拥有 4 对发送 PDO 和 4 对接收 PDO，用于过程数据传递。SDO 分为发送 SDO 和接收 SDO，用于读写对象字典。优先级最低的为 NMT Error Control 报文，由从节点发出，用以监测从节点的运行状态。

　　每个节点都维护了一个对象字典（Object Dictionary，OD）。该对象字典保存了节点信息、通信参数和所有的过程数据，是 CANopen 节点的核心。同时，上层应用程序也主要通过读写对象字典和 CANopen 应用层进行交互。

　　CANopen 的对象字典为两级数组结构。第一级数组称为主索引，宽度为 FFFFh。每一个主索引可拥有一个宽度为 FFh 的子索引表。因为 CANopen 的对象字典支持的索引范围巨大，所以 CANopen 对象字典的实现也是 CANopen 应用层开发的一个难点。不过，并非所有索引都需实现，一个节点只需实现能完成其功能的最小对象字典集合就可正常工作。

　　CANopen 的每一个节点都维护了一个状态机。该状态机的状态决定了该节点当前支持的通信方式以及节点行为。当初始化时，节点将自动设置自身参数和 CANopen 对象字典，发出节点启动报文，并不接收任何网络报文。当初始化完成后，自动进入预运行状态。在该状态下，节点等待主站的网络命令，接收主站的配置请求，因此可以接收和发送除了 PDO 以外的所有报文。运行状态为节点的正常工作状态，可接收并发送所有通信报文。停止状态为临时状态，只能接收主站的网络命令，以恢复运行或者重新启动。

练 习 题

1. 风力发电机组控制技术的基本任务是什么，包含哪些内容？
2. 定桨恒速风力发电机组的控制系统主要解决了哪些关键技术问题，有什么特点？
3. 变速恒频风力发电机组除了可以对能量的输入与输出进行控制以外，还能控制哪些目标？
4. 风力发电机组控制技术的发展主要经历了哪几个阶段，取得了哪些进步？
5. 风力发电机组由哪几个主要部件构成，各起什么作用？
6. 控制系统由哪几部分构成，主要控制对象有哪些？
7. 根据风力发电机组变桨距运动规律，写出其运动特性的微分方程组？假设 1.5MW 风机参数表述如下：β—桨距角，I—为叶片的转动惯量，B—阻尼系数，K—传动系统刚度系数，T_A—驱动转矩，当系统加入控制力 $T_F = k_1\beta + k_2\dot{\beta}$ 时，求微分方程组的解，并讨论系统的控制过程？

参 考 文 献

李家春，贺德馨．中国风能可持续发展之路 [M]．北京：科学出版社，2018．

第二章 风力发电机组的运行条件

第一节 风力机的能量转换

风力发电机组将通过风轮扫掠面的风能有限地转换为机械能，继而由发电机转换为电能。

一、风的能量

由流体力学可知，气流的动能

$$E = \frac{1}{2}mv^2 \tag{2-1}$$

式中，m 为气体的质量；v 为气体的速度。

设单位时间内，气体流过截面积 A 的气体体积为 V，则

$$V = Av \tag{2-2}$$

如果以 ρ 表示空气密度，该体积的空气质量为

$$m = \rho V = \rho Av \tag{2-3}$$

这时，该气流具有的动能为

$$E = \frac{1}{2}\rho Av^3 \tag{2-4}$$

式(2-1) ~ 式(2-4) 即为风能的表达式。在国际单位制中，ρ 的单位是 kg/m³，V 的单位是 m³，v 的单位是 m/s，E 的单位是 W。

从风能的表达式可见，风能的大小与气流的密度和流过截面的面积成正比，与气流速度的三次方成正比。其中 ρ 和 v 随地理位置、海拔、地形、气温及气压等因素而变化。

二、风能转换为机械能

气流通过风力机风轮时，推动风轮旋转，将一部分气流的动能转换为机械动能，对这一能量转换过程的分析与计算目前主要有以下三种模型：①叶素-动量理论模型（Blade Element and Momentum Model，BEM）。②涡方法模型（Vortex Method Model）。③计算流体力学（Computational Fluid Dynamics，CFD）模型。不同计算模型所需的计算时间以及能够得到的流场信息如图 2-1 所示。

BEM 是目前应用中使用最广泛的气动计算模型。该模型以一维动量理论和二维叶素理论为基础，在来流方向上假设流体无黏性，根据伯努利方程建立风轮前后流动气体的动量关系，理想的风轮在这一过程中被称为"致动盘（Actuator Disc）"。在叶片的展向方向上，假设不同位置处的流场之间不存在相互干扰，利用二维翼型的实验升阻力系数，引入轴向和切向诱导因子来实现模型的封闭计算。

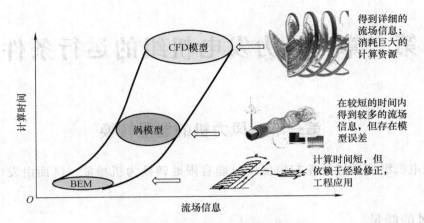

图 2-1　风电机组气动计算模型比较图

一维动量理论模型的依据是对理想风轮的假设，该假设认为风力机是理想的吸功装置且旋转平面无穷薄、气流与风轮之间不存在摩擦作用、尾流中也没有反向旋转的速度分量。理想风轮假设与"致动盘"的概念一致，即将风轮抽象为一个具有体积力分布的圆盘，来近似模拟风轮与流场之间的相互作用。图 2-2 为一维动量理论的示意图，v_1 为流入风速，v_4 为流出风速。

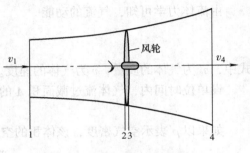

图 2-2　一维动量理论示意图

基于以上假设可以认为，包围风力机旋转平面的外部流管可以分为两个部分：来流区域（1～2 流场）和尾流区域（3～4 流场）。在来流和尾流区域内，假设流体无黏性、不可压，并且能量守恒。因而在来流区域和尾流区域内，伯努利方程（Bernoulli's equation）成立，即：

$$\frac{1}{2}\rho v_1^2 + p_1 = \frac{1}{2}\rho v_2^2 + p_2 \tag{2-5}$$

$$\frac{1}{2}\rho v_3^2 + p_3 = \frac{1}{2}\rho v_4^2 + p_4 \tag{2-6}$$

式中，v 为气体流动速度；p 为气体静压；ρ 为气体密度。下标 1、2、3、4 分别表示图 2-2 中所示的位置：1 为无穷远来流处，2 为风轮前，3 为风轮后，4 为无穷远尾流处。

根据连续性方程可知风轮平面前后的流速相同，并且设该速度具有以下形式

$$v_2 = v_3 = (1 - a)v_1 \tag{2-7}$$

式中，a 为轴向诱导因子。

从式（2-7）中可以看到，轴向诱导因子 a 表征了风轮对来流速度的干扰作用。此外，由于 1、4 平面均位于无穷远处，因此可以认为在 1、4 平面位置处的静压均与大气压力相同。从而，将式（2-5）和式（2-6）相减，可得

$$p_2 - p_3 = \frac{1}{2}\rho(v_1^2 - v_4^2) \tag{2-8}$$

设风轮平面的面积为 A，则作用在风轮平面上的推力为

$$F = \frac{1}{2}\rho A(v_1^2 - v_4^2) \tag{2-9}$$

而根据一维动量方程，作用在风轮平面上的推力即为1、4平面位置处气体的动量变化率，因此推力又可以表示为

$$F = \rho A v_3(v_1 - v_4) \tag{2-10}$$

将式(2-9)和式(2-10)联立，可得

$$v_3 = \frac{1}{2}(v_1 + v_4) \tag{2-11}$$

通过式(2-11)可以看到，风轮位置处的气流速度为无穷远来流位置和无穷远尾流位置处速度的平均值。根据式(2-7)，可以看到无穷远尾流位置处的流速与轴向诱导因子之间存在以下关系：

$$v_4 = (1 - 2a)v_1 \tag{2-12}$$

综上所述，作用在风轮平面上的推力和功率可以分别表示为

$$F = \rho A v_3(v_1 - v_4) = \rho A(1-a)v_1[v_1 - (1-2a)v_1]$$
$$= 2\rho A a(1-a)v_1^2 \tag{2-13}$$

$$P = \frac{1}{2}\rho A v_3\left(\frac{1}{2}v_1^2 - \frac{1}{2}v_4^2\right) = \rho A(1-a)v_1\left[\frac{1}{2}v_1^2 - \frac{1}{2}(1-2a)^2v_1^2\right]$$
$$= 2\rho A a(1-a)^2 v_1^3 \tag{2-14}$$

三、风力机的特性系数

在讨论风力机的能量转换与控制时，以下特性系数具有特别重要的意义。

1. 风能利用系数 C_P

风力机从自然风能中吸取能量的大小程度用风能利用率系数 C_P 表示，即

$$C_P = \frac{P}{\frac{1}{2}\rho v^3 A} \tag{2-15}$$

式中，P 为风力机实际获得的轴功率（W）；ρ 为空气密度（kg/m^3）；A 为风轮的扫风面积（m^2）；v 为上游风速（m/s）。

2. 叶尖速比

为了表示风轮在不同风速中的状态，用叶片的叶尖圆周速度与风速之比来衡量，称其比值为叶尖速比 λ。

$$\lambda = \frac{2\pi R n}{v} = \frac{\omega R}{v} \tag{2-16}$$

式中，n 为风轮的转速（r/s）；ω 为风轮角频率（rad/s）；R 为风轮半径（m）；v 为上游风速（m/s）。

3. 转矩系数 C_T 和推力系数 C_F

为了便于把气流作用下风力机所产生的转矩和推力进行比较，常以 λ 为变量作成转矩和推力的变化曲线。因此，转矩和推力也要无因次化。

11

$$C_T = \frac{T}{\frac{1}{2}\rho v^2 AR} = \frac{2T}{\rho v^2 AR} \tag{2-17}$$

$$C_F = \frac{F}{\frac{1}{2}\rho v^2 A} = \frac{2F}{\rho v^2 A} \tag{2-18}$$

式中，T 为转矩（N·m）；F 为推力（N）。

由式(2-13) 和式(2-14) 可得，风轮的推力系数和功率系数为

$$C_F = \frac{F}{\frac{1}{2}\rho A v_1^2} = 4a(1-a) \tag{2-19}$$

$$C_P = \frac{P}{\frac{1}{2}\rho A v_1^3} = 4a(1-a)^2 \tag{2-20}$$

求功率系数对轴向诱导因子的导数可得

$$\frac{\mathrm{d}C_P}{\mathrm{d}a} = 4(1-a)(1-3a) \tag{2-21}$$

令式(2-21) 等于0 有两个解，当轴向诱导因子为1 时，没有意义；当轴向诱导因子为 1/3 时，C_P 达到最大值，这时 $C_{P\max} = 59.3\%$，这就是风力发电机组的理论最大效率（或称理论风能利用系数），又称为贝兹极限（Betz's Law），由于实际条件的限制，风力机的 C_P 值比理论值要小得多。对风力机进行控制的主要目标就是使其尽可能运行在高的风能利用系数条件下。

四、作用在风力机桨叶上的力

1. 升力系数与阻力系数

气流通过叶片截面时，由于翼型作用，会在叶片的上表面和下表面形成压力差，同时也会由于流动而产生反作用力，该反作用力可以分解到两个方向，分别为垂直于来流速度方向的升力 F_l 和平行于来流速度方向的阻力 F_d。

升力系数 C_l 和阻力系数 C_d 分别定义为

$$C_l = \frac{F_l}{\frac{1}{2}v^2 S} \tag{2-22}$$

$$C_d = \frac{F_d}{\frac{1}{2}\rho v^2 S} \tag{2-23}$$

式中，v 为流入叶片的气流速度；S 为桨叶面积。

对于低速运动的风电机组叶片，升力系数 C_l 和阻力系数 C_d 分别是攻角 α 和雷诺数 Re 的函数。

当气流流经上下翼面形状不同的叶片时，因弯曲的凸面使气流加速，所以压力较低；而凹面较平缓，使气体流动的速度缓慢，所以压力较高，因而产生升力。叶片的失速性能是指它在最大升力系数 $C_{l\max}$ 附近的性能。一方面，当桨叶的桨距角 θ 不变，随着风速增加，攻

角 α 增大时，升力系数 C_l 线性增大；在接近 $C_{l\max}$ 时，增大变缓；达到 $C_{l\max}$ 后开始减小。另一方面，阻力系数 C_d 在升力增大初期不断增大；在升力开始减小时，C_d 继续增大，这是因为气流在叶片上的分离区随攻角的增大而增大，在分离区形成大的涡流，这种涡流使气流的流动失去了翼型效应，

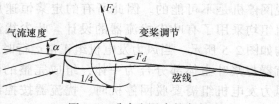

图2-3　升力和阻力的定义

与未分离时相比，上下翼面压力差减小，致使阻力激增，升力减小，造成叶片失速，从而限制了功率的增加，如图2-4所示。在几何攻角略小于获得最大升力的攻角时，叶片可以达到最大的升力/阻力比，此时的攻角即为最佳攻角。

对于水平轴的风电机组来说，叶片截面所遇到的气流相对速度是风轮平面处的气流轴向速度和气流切向速度的矢量和。当叶片的桨距角为 θ、叶片局部的扭角为 β 时，叶片的局部桨距角，也就是弦长和风轮旋转平面的局部夹角 θ 为

$$\theta' = \theta + \beta \qquad (2\text{-}24)$$

当入流角，即风轮旋转平面和气流相对速度的夹角为 ϕ 时，可得局部攻角 α 为

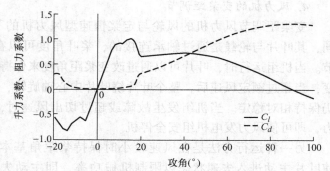

图2-4　桨叶升力系数、阻力系数和攻角的关系

$$\alpha = \phi - \theta \qquad (2\text{-}25)$$

以及

$$\tan\phi = \frac{(1-\alpha)v}{(1+\alpha')\omega r} \qquad (2\text{-}26)$$

式中，α 为轴向诱导因子；α' 为切向诱导因子；v 为 BEM 模型中的无穷远处来流风速；ω 为风轮角速度；r 为叶片局部的旋转半径。

显然，越接近叶片尖部，叶片局部的运动速度越快，那么为了使正常运行风速范围内的叶片各个截面都获得适宜的攻角，从叶根到叶尖的扭角是在不断加大的。

2. 风力机的失速调节

定桨恒速型的风力发电机组叶片桨距角固定不变，通过对桨叶翼型和叶片扭角的设计，使叶片的攻角沿轴向由根部向叶尖逐渐减小。叶片在风速大于额定风速后，根部叶面先进入失速区，随着风速的增大，失速区向叶尖处扩展，原先已失速的区域失速程度加深，未失速的区域逐渐进入失速区。失速区域的功率在减小，未失速区域的功率在增大，从而保持风轮吸收的机械功率近似不变，这一过程称为风力机的自动失速调节。

当一台定桨恒速风力发电机组设计完成后，其失速效果以及整个功率特性，将受到叶片安装桨距角和空气密度的直接影响。

3. 叶尖扰流器

由于风轮具有巨大的转动惯量，如果风轮自身不具备有效的制动能力，在高风速下

脱网停机是不可能的。因此所有的定桨恒速风力发电机组均采用了有叶尖扰流器的设计。叶尖扰流器的结构如图 2-5 所示。当风力发电机组正常运行时，叶尖扰流器与桨叶主体部分合为一体，组成完整的桨叶。当风力发电机组需要脱网停机时，扰流器按控制指令被释放并旋转 80°～90°形成阻尼板，由于叶尖部分处于距离旋转中心最远点位置，叶尖扰流器产生的气动阻力相当高，足以使风力发电机组迅速减速，这一过程称为桨叶空气动力制动过程。叶尖扰流器是定桨恒速风力发电机组的主要制动器。

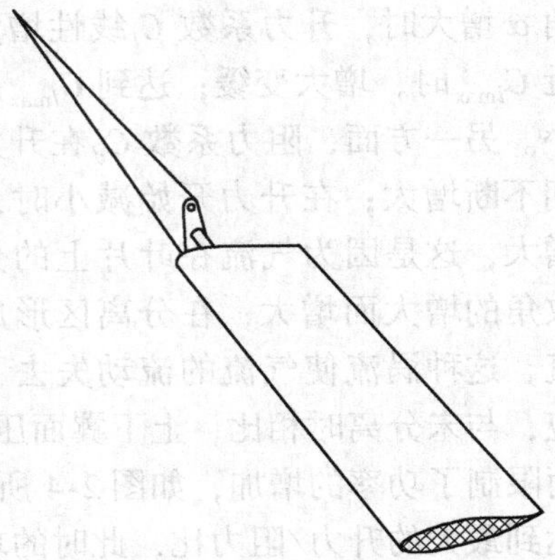

图 2-5 叶尖扰流器制动结构

4. 风力机的变桨距调节

变桨距调节风力机的风轮与定桨恒速型风力机的不同，其叶片与轮毂是通过轴承连接的，桨叶角度可以在一定范围内受控调节，即变桨距调节。当机组运行时，叶片可以通过改变桨距角度来保持最佳攻角。在低风速段桨距角基本不变，当超过额定风速后，整个叶片绕叶片中心轴旋转，以减小攻角并降低升力，使输出功率仍保持相对稳定。当机组发生故障或超过切出风速时，先使叶片顺桨，减少机组结构的受力，即可使风力发电机组安全停机。

另一种运行方法是在风速较小时保持桨距角基本不变，在风速较大时故意增加攻角使叶片主动进入失速状态以限制机械功率，即主动失速型控制。故意增加攻角会减小升力、增加阻力，进而达到限制风轮吸收机械功率的效果。叶片的失速效应本身涉及的因素较多，并非 BEM 理论能够完全解释的，需要考虑更多的三维流场分布，因而实现精确控制的难度较大。

目前商业化的风力发电机组主要采用变桨距调节设计，由于桨距角可充分调节，再结合功率反馈后，可以通过动态攻角修正的方法补偿空气密度的影响。

在整个风速范围内，失速调节型、变桨调节型、主动失速型机组的桨距角和风速的关系如图 2-6 所示。

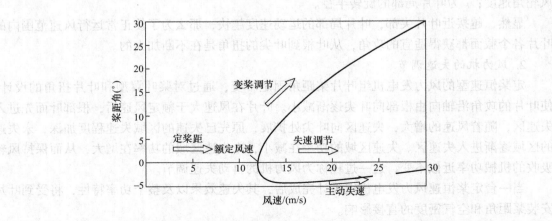

图 2-6 失速调节型、变桨调节型、主动失速型风力发电机组的桨距角和风速关系

第二节　风力发电机组的运行工况

一、工作状态

（一）工作状态的分类

风力发电机组总是工作在以下状态之一：

1）运行状态。

2）待机状态。

3）正常停机状态。

4）紧急停机状态。

每种工作状态可看作风力发电机组的一个活动层次，运行状态处在最高层次，紧急停机状态处在最低层次。各个厂商根据自身控制系统的设计理念，也可进一步细分和增加其他状态，比如紧急停机可以分多个等级，以及增设维护状态和故障状态等。

为了能够清楚地了解机组在各种状态条件下控制系统是如何反应的，必须对每种工作状态做出精确的定义。这样，控制软件就可以根据机组所处的工作状态和外部情况，按设定的控制策略对偏航系统、液压系统、变桨系统及变流系统等进行操作，实现状态之间的转换。

以下给出了4种基本工作状态的特征及其简要说明。

1. 运行状态

1）机组无故障。

2）机组运行和发电。

3）允许机组发电机并网。

4）叶尖扰流器收回（定桨恒速风力发电机组）或变桨系统调节叶片按工作指令运行（变速恒频风力发电机组）。

5）机组自动偏航对风。

6）冷却系统自动工作。

2. 待机状态

1）机组无故障。

2）当风速满足工作条件时可以进入发电运行状态。

3）叶尖扰流器收回（定桨恒速风力发电机组）或变桨系统调节叶片至顺桨（变速恒频风力发电机组）。

4）机组自动偏航对风。

5）冷却系统自动工作。

3. 正常停机状态

1）机组无故障。

2）机组减载脱网。

3）叶尖扰流器释放（定桨恒速风力发电机组）或变桨系统调节叶片至顺桨（变速恒频风力发电机组）。

4）偏航系统停止工作。

5）冷却系统停止工作。

6）可以进入维护服务模式。

7）在停机自检完成后，如无故障和外部指令，可以自动恢复到待机状态。

4. 紧急停机状态

1）机组有故障，安全链被打断。

2）机组立即脱网。

3）叶尖扰流器释放（定桨恒速风力发电机组）或变桨系统调节叶片至顺桨（变速恒频风力发电机组）。

4）偏航系统停止工作。

5）冷却系统停止工作。

6）可以进入维护服务模式。

机组在进入维护服务模式时，传动系统将被机械锁止，偏航系统不能自动工作，机组不能自动退出服务模式。

（二）工作状态的转换

按图2-7箭头所示，要提高工作状态的层次，只能一层一层地向上进行；而要降低工作状态的层次可以是一层也可以是多层向下进行。这种工作状态之间的转换方法是基本的控制策略，它主要的出发点是确保机组安全运行。

正常停机大多是由于风速、风向、温度等自然环境条件变化，或者是本地和远程人为操作引起的，在未进入服务模式或者在正常停机过程中未检测到其他故障而升级为紧急停机的情况下，通常可以自动恢复。

当系统在运行状态中检测到故障，并且这种故障是机组在运行时不能承受或者存在安全风险时，则工作状态可以立即从运行状态直接跳转到紧急停机状态，不需要经过正常停机状态。

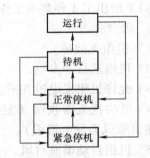

图 2-7　基本工作状态之间的转换

事实上，只有机组处于无故障状态时，才能从低等级的工作状态上升到高等级的工作状态，而高等级的工作状态，除了运行状态因为外部环境条件变化下降到正常停机状态以外，其余的工作状态下降都是因为机组发生了故障。在本地或远程的人为操作下，则可能在一定程度上影响既有的工作状态转换规则。需要注意的是，在紧急故障中，也可以针对故障的严重程度或者性质进行一定的分类，部分故障可以通过自动复位来尝试消除故障，但这需要设备厂商根据设计规范进行严格控制；另一部分故障则要求服务人员必须到现场进行复位和检查，并通过并网运行来确认机组的运行状态，有必要的话还需要持续监测。

二、运行监测

（一）风电机组控制系统的基本功能

并网运行的定桨恒速风力发电机组的控制系统必须具备以下功能：

1）机组能根据风况自行起动和停机。

2）并网和脱网时，能将机组对电网的冲击影响减小到最低限度。

3）能根据功率及风速大小进行转速切换（双速发电机）。

4）根据风向信号自动对风，并能自动解除电缆过度扭转。

5）能对功率因数进行自动补偿。

6）对出现的异常情况能够自行判断，并在必要时断开与电网的连接。

7）当发电机断开与电网的连接时，能确保机组安全停机。

8）自动解缆。

9）在机组运行过程中，能对电网、风况和机组的运行状况进行监测和记录，能够根据记录的数据，生成各种图表，以反映风力发电机组的各项性能指标。

10）在风电场中运行的风力发电机组还应具备远程通信的功能。

对于变速恒频风力发电机组的控制系统，还应具备以下更强的功能：

1）并网时不对电网产生冲击影响。

2）能够根据功率及转速信号对机组实施变桨和变速恒频控制，使机组运行在预先设定的最佳功率曲线上。

3）能够通过变桨和变速调节使机组的动态载荷受到控制。

4）能够接受远程调度，对机组输出的无功功率和有功功率进行控制。

5）能够实现短时电网故障穿越。

6）能够通过一次调频、控制阻尼等方式对电网的稳定提供支撑。

（二）运行监测对象

1. 故障复位情况

1）安全链触发。安全链触发是严重故障，根据具体情况可以区分为允许远程人工复位和允许现场人工复位两类，但远程复位必须在有经验的操作人员对机组故障信息进行了综合判断，并且通常只在夜间或气候条件恶劣的情况下进行，在进行远程复位后，仍建议服务人员随后到现场检查机组的运行情况。

2）转速测量故障。对于不影响运行安全的传感器测量故障，允许人工复位。

3）传动链超速。对于不影响运行安全的传动链超速，允许 24h 内有限次数的自动复位。

4）风速测量故障。对于不影响运行安全的风速传感器测量故障，允许自动复位。

5）风向测量故障。对于不影响运行安全的风向传感器测量故障，允许人工复位。

6）风向偏差超越允许极限。对于不影响运行安全的极限超越，在重新对风后允许自动复位。

7）桨距角超越允许极限。对于不影响运行安全的极限超越，允许 24h 内有限次数的自动复位。

8）独立变桨控制的合理性超越允许极限。若故障现象不再发生，允许 24h 内有限次数的自动复位。

9）机舱加速度超越允许极限。对于不影响运行安全的极限超越，允许 24h 内有限次数的自动复位。

10）电网失电。机组在电网失电后应自动停机，在未检测到故障的情况下允许自动复位，但根据我国电网运营商的要求，通常不允许自动恢复并网运行，必须在得到电网值班调度员的指令后才允许机组并网。

11）制动系统触发或故障。当运行人员评估该故障现象后，认为不影响机组安全允许时，允许人工复位。

12）电缆过缠绕。对于不影响运行安全的电缆过缠绕，在电缆解缠绕后，允许自动复位。

13）控制系统故障。对于不影响运行安全的控制系统故障，允许24h内有限次数的自动复位。

14）冰冻观测器触发。对于不影响运行安全的冰冻观测器触发，当视觉检查认为叶片未挂冰时，允许现场人工复位；当其他传感器（比如摄像头等）确认叶片未挂冰时，允许远程复位。

2. 转速

风力发电机组应有至少两个独立的转速测量回路，其中至少一路被接入安全保护系统，另一路用于观测风轮转速。上述两路转速信号应被持续观测，并进行校验，当误差超越允许值时应立即停机，当转速超越运行上限值时应立即停机。

风力发电机组的转速和风速的稳态关系如图2-8所示，通常运行中不应触发转速的硬件保护值。

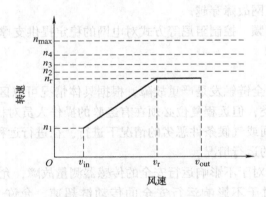

图 2-8　风电机组的风速和转速稳态关系

v_{in}—切入风速　v_r—额定风速　v_{out}—切出风速　n_1—最小运行转速

n_r—额定转速　n_2—最大运行转速　n_3—切出转速，软件保护

n_4—停机转速，硬件保护　n_{max}—安全极限转速

3. 功率

风力发电机组应有至少两个独立的功率测量回路，其中至少一个应被接入控制系统，另一路应被控制系统以外的装置观测（如变流器），当机组功率超越允许极限时，应立即停机。

4. 风速

风速应在轮毂高度处被持续观测，风速信号的合理性应被控制系统借助其他信号进行持续评价，如果被认为存在测量故障，机组应立即停机。风速传感器应配备加热器以适应冰冻气候。

5. 风向

风向应在轮毂高度处被持续观测，风向信号的合理性应被控制系统借助其他信号进行持续评价，如果被认为存在测量故障，机组应立即停机。风向传感器应配备加热器以适应冰冻气候。

6. 桨距角

对于配备有变桨系统的风力发电机组，每支叶片的桨距角都应被持续观测。每支叶片的桨距角应配备两路独立的角度传感信号互相校验，如果只配备一路，那么每周应至少顺桨一次，借助终端的位置传感器对角度传感器进行校验。如测量的桨距角和给定的桨距角偏差超越允许限值，机组应立即停机。各叶片的桨距角互相之间的差若超越允许限值，机组应立即停机。

7. 机舱加速度

机舱加速度必须在机舱高度处和塔架轴线中心处观测前后和左右两个方向的加速度。机舱加速度应被持续观测，一旦超限应触发机组安全链，其限值应大于运行允许值而小于设计允许值。控制系统对机舱加速度的观测应为两种取向或判断依据，其一为针对极限载荷的短期量，其二为针对疲劳载荷的长期量。

8. 电网失电

在电网失电情况下机组应立即停机。

9. 短路

在短路情况下，保护器件（如主断路器）应立即动作，机组安全链应被触发。

10. 制动系统

制动系统应被持续观测，如制动片的磨损和蓄能单元的能量后备情况。

11. 电缆缠绕

电缆扭转角度应有两路独立的信号采集，其中一路应提供给保护系统，另一路提供给控制系统。控制系统观测的电缆扭转角度超越允许值时应提供解缠绕信号，在此过程中机组应停机，保护系统观测的电缆扭转角度超越允许值时应触发安全链。

12. 环境温度

环境温度应为机舱外自由气流的温度，并且不受日照的影响。

13. 低温适应性

当具有低温适应性的风力发电机组运行时，并非机组内所有零部件都具有低温适应性，可以为机组配备加热系统改善部分零部件的工作环境，但所有零部件在达到可以工作的环境温度时必须能立即投入工作。

14. 主控系统的自检

风力发电机组的主控制系统在发现失去对风力发电机组的控制时，应触发机组安全链。当主控制系统和其他控制单元的通信失败时，双方都应促使机组和各自的单元进入停机状态。

15. 数据存储

当安全链被触发时，触发前、后短时间内的详细运行和过程数据应被保存。

机组的常规运行数据、故障记录都应以一定的时间精度和数据形式进行保存。

16. 冰冻监测

作为可选项，有些风力发电机组配备了自动的冰冻监测系统。如果这样的冰冻监测系统对于风力发电机组的安全运行是必要的，那么该系统应能监测轮毂高度处和叶片的冰冻情况，监测设备的功能应得到测试和认可。

冰冻监测系统应至少能输出设备的健康信号和冰冻报警信号，当设备故障，或者冰冻告警，或者通信失败时，机组应立即停机。如未配备直接的冰冻监测传感器，主控制系统利用机组运行时对风速和功率的数据统计分析结果也可以进行冰冻观测，该统计分析方法的有效性必须得到充份验证。

（三）故障和告警信息

风力发电机组的故障和告警信息对于判断机组运行的可靠性、安排运行维护和检修计划有着重要影响。对风力发电机组故障和告警信息的解读必须从风力发电机组控制和监测系统的设计理念出发，结合风力发电机组的整机和零部件运行特性进行分析。

故障和告警的区别在于是否会导致机组停机，对于同一种问题，告警是故障的轻度表现。当机组发生故障时，故障前后的运行和过程数据应被保存，发生告警时，通常只保存告警时刻的基本运行数据。

机组的故障记录通常包含以下信息：

1）故障代码。
2）故障现象在触发记录前持续的时间。
3）故障数据的限值。
4）故障信息的扫描周期。
5）故障导致的停机等级。
6）故障在一定时间内发生的频度。
7）故障记录的数据形式。
8）故障的复位等级。
9）故障导致的机组可利用率分组。

进一步地，用户根据故障代码可检索可能导致该故障发生的原因、对应的现象，以及排除故障所要进行的检查要点和可能需要的备件。

三、安全保护

风力发电机组在正常运行时，由主控制系统对机组运行情况进行控制和监控，当发生影响机组安全运行的情况或出现故障时立即停机。但风力发电机组的安全性本质上是由独立于主控制系统的硬件电路、传感器和电气元件保证的，这样的安全回路被称为安全链。

安全保护系统是确保风机安全的最高层的防护措施，它是独立于计算机系统的硬件保护措施。采用反逻辑设计，将可能对风力机组造成严重损害的故障节点串联成一个回路。该回路主要包括：紧急停机按钮（塔架底部主控制柜）、发电机过速、扭缆开关、变桨系统安全链信号、紧急停机按钮（机舱控制柜）、振动开关、主轴过速模块、24 V 电源失电、并网开关闭合信号、控制模块运行状况以及主线路闭合信号。一旦其中一个节点动作，将引起整条回路断电，机组立刻紧急停机，执行机构失电，机组瞬间脱网，并使主控系统和变桨系统处于闭锁状态，从而最大限度地保证机组安全。如果故障节点得不到恢复，整个机组的正常运行操作都不能实现。同时，安全链也是整个机组的最后一道保护，它处于机组的软件保护之后。

安全链的监测对象在功能上为串联性质，只要一个故障触发就激活机组的安全保护动作。在实际应用中，根据机组选用的器件功能来设计安全链回路的构成、执行对象和复位电路。安全链通常至少包含以下监测对象：

1）控制系统故障。

2）转速过高（硬件过速）。

3）功率过高（通常为断路器长延时跳闸）。

4）机舱加速度超限。

5）短路（通常为断路器瞬动跳闸）。

6）电缆过缠绕（硬件保护）。

7）紧急停机按钮被触发。

第三节 风力发电机组运行的约束条件

风力发电机组控制系统设计的主要目标是获得高的能量转换效率，但受到机械载荷、电气参数、温湿度及转速等多方面的约束性限制，转换效率受到一定影响。在各类运行工况下对约束性条件有清晰的认识，可以提高机组的运行可靠性，同时也有助于机组设计的经济性。

1. 机械载荷

机械载荷是风力发电机组安全运行最为重要的影响因素，从前提条件来看，机组的机械载荷来源于设计工况、控制策略、空气动力学模型、结构动力学模型等因素。机组的机械载荷将被用于指导叶片、轮毂、机架、塔架、齿轮箱、主轴承等零部件，以及连接界面和弹性元件的具体结构设计与强度分析。

设计机械和结构零件时，最主要有两个载荷源，即极限载荷和疲劳载荷。极限载荷是由于载荷超过材料的屈服强度或者是超过了材料的最大强度而引起结构破坏的载荷。疲劳载荷是循环负载，单次载荷都低于材料的额定屈服强度，但达到足够次数的载荷波动后就会导致材料的破坏。此外，由于风力发电机组的运行速度范围较大，有可能在特定条件下引起机械共振，加剧疲劳损伤，从而严重影响结构安全性。

2. 电气参数

由于成本因素，目前的风力发电机组大多采用低电压大电流的设计，机组输出电压通常为交流 690V，输出额定电流则可能达到数千安培。

传统的定桨恒速机组对于暂态高电压或低电压、三相不对称电压缺乏主动的适应性调节，容易在电网扰动的情况下脱网。与此同时，定桨恒速机组输出电能的谐波较小，机组内部敏感器件较少，一般不会出现非工频的电气振荡问题。

变速恒频风力发电机组由变流器实现能量的灵活调节，具有故障电压穿越能力，也具有更为良好的电网适应性，但是电力电子器件对暂态电压和电流冲击的耐受力较弱，而大量电力电子器件在局部电力系统中的应用使电网环境变得复杂，这就对变流器的感知和控制能力提出了更高的要求。

对于双馈或全馈的风力发电机组，其可运行范围和调节能力均与发电机和变流器的匹配性相关，其短板通常就是变流器的电压和电流极限。

3. 温度和湿度

由于运输条件限制，机舱的尺寸是有一定局限性的，当机组容量不断加大时，散热能力对于机组运行的影响就越来越显著，这需要机组在设计的早期就应该做好充分的整机热流体仿真与验证。机组实时监测温度、在超越限值时可能导致机组停机的传感器较多，在设置其值时均需根据被保护对象的特性决定。在机组实际运行中，当某些位置的温度测量值接近保护限值时，可采用一定的控制手段在机组内部进行热量分配，或者调节各零部件的散热环境，或者降低一定量的功率输出，以保证机组持续并网稳定运行。

我国中南部地区的山地较多，在这些地区安装的风力发电机组大量面临着高湿度环境下的温度频繁交变影响，对电气类部件的绝缘性和机械类部件的防腐蚀性均不利。我国北方部分地区冬季可能遭遇短期严寒，在低温影响下，一些材料的特性会发生变化，导致机组的运行安全风险加大。在环境不符合运行要求时应主动停机或禁止起动，因而风力发电机组的控制系统也需要承担调节机组内部工作环境的任务。

4. 转速

定桨恒速风力发电机组在运行时，转速基本不变。变速恒频风力发电机组在运行时，传动系统的转速范围主要受限于发电机和变流器的匹配性。但是，当机组在遇到一些意外情况时，转速可能上升到非常高的水平，比如超过图2-8中的n_4，在此情况下，风轮的旋转频率就有可能和塔架固有频率接近而产生共振，高速旋转的零部件也可能因为到达临界转速而产生扭转振动，甚至产生定子与转子碰擦事故。因而，在达到硬件保护速度限值时，机组必须具有应急手段来迅速可靠地降低机组转速，避免灾难性事故发生。

5. 噪声

风力发电机组在运行时会产生噪声，其来源主要是风轮的空气动力及齿轮箱、主轴承、发电机、偏航系统等部件。风力发电机组的安装地点通常要求和生活区域保持一定的距离，避免噪声可能对居民的生理和心理造成影响。叶片的气动噪声与转速的5次方成正比，降低风力机的转速可以显著降低噪声；风力发电机组的噪声传播范围受风向的影响很大，因而在机组实际运行时，就有可能在特定的风向扇区内采用降低噪声的控制运行方式。

6. 环境条件的变化

在温度和气压作用下，同一机位的空气密度可能发生显著变化，为合理利用风能和调节机械载荷，控制参数就应具有随动性；在不同的风向和季节，同一机位的湍流强度也可能发生显著变化，那么机组的过转速调节裕度和调节方式也应该可以随之改变；风力发电机组在不同的功率运行时，传动系统的效率本身会发生变化，这种因素在控制参数设置中应加以考虑；在冰冻条件下，叶片的固有频率、升力和阻力系数都会发生变化，在允许的范围内，机组如继续发电运行，那么安全运行的边界条件显然就发生了改变。

在上述的应用场景下，单一固定目标的控制方式难以充分发挥机组的潜力，不利于提高机组运行的经济性，或者不利于提高机组的可利用率，而上述控制系统自我调节的实现都有赖于运行实践对理论设计的验证，以及风力发电机组对实际运行情况的大数据积累、分析与提炼。

练 习 题

1. 根据叶素-动量理论推导风力机的理论最大风能利用系数。

2. 在不同的空气密度下，叶片的失速如何作用于机组的功率特性？定桨恒速型风力发电机组针对高海拔环境，应如何调整桨距安装角？

3. 在图2-6中，失速调节型、变桨调节型、主动失速型机组的桨距角在额定风速以前是固定不变的，这是理论计算的最优结果还是工程实践中的简化结果？

4. 风力发电机组的主要制动功能部件是什么？

5. 风力发电机组有哪些工作状态，它们的特征是什么？

6. 控制系统的基本功能有哪些？

7. 风力发电机组的硬件安全保护系统监测哪些信息？

8. 在图2-8中，达到哪一个转速是风力发电机组所不能接受的？

9. 风力发电机组运行的主要约束条件是什么？

参 考 文 献

［1］王强. 水平轴风力机三维空气动力学计算模型研究 ［D］. 北京：中国科学院研究生院（工程热物理研究所），2014.

［2］MARTIN O L HANSEN. 风力机空气动力学 ［M］. 2版. 肖劲松，译. 北京：中国电力出版社，2009.

［3］叶杭冶. 风力发电机组的控制技术 ［M］. 2版. 北京：机械工业出版社，2006.

［4］ERICH HAU. Wind Turbines Fundamentals，Technologies，Applications，Economics， ［M］. 2nd ed. Berlin：Springer－Verlag，2005.

第三章 风力发电机组的特性和建模

第一节 风力机特性及数学模型

一、风轮的能量捕获特性

风力机的特性通常用一簇包含功率系数 C_P 和叶尖速比 λ 的无因次性能曲线来表达，功率系数 C_P 是风力机叶尖速比 λ 的函数，如图 3-1 所示。

C_P-λ 曲线是桨距角的函数。由图 3-1 可以看到 C_P-λ 曲线对桨距角的变化规律：当桨距角逐渐增大时，C_P-λ 曲线将显著缩小。

如果保持桨距角不变，用一条曲线就能描述出 C_P 作为 λ 的函数的性能和表示出从风能中获取的最大功率。图 3-2 是一条典型的 C_P-λ 曲线。

叶尖速比可以表示为

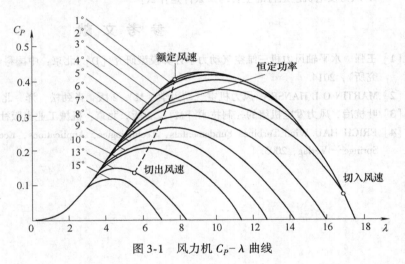

图 3-1 风力机 C_P-λ 曲线

$$\lambda = \frac{R\omega_r}{v} = \frac{v_T}{v} \tag{3-1}$$

式中，ω_r 为风力发电机组风轮角速度（rad/s）；R 为叶片半径（m）；v 为主导风速（m/s）；v_T 为叶尖线速度（m/s）。

对于定桨恒速风力发电机组，发电机转速的变化通常小于同步转速的2%，但风速的变化范围可以很宽。按式(3-1)，叶尖速比可以在很宽的范围内变化，因此风力发电机组只有很小的机会运行在 $C_{P\max}$ 点。根据能量转换公式，风力发电机组从风中获取的机械功率为

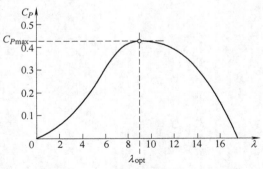

图 3-2 定桨距风力机的 C_P-λ 曲线

$$P_m = \frac{1}{2}\rho A C_P v^3 \tag{3-2}$$

式中，ρ 为空气密度；A 为风轮扫掠面积；v 为风速。

由式（3-2）可见，在风速给定的情况下，风轮获得的功率将取决于功率系数。如果在任何风速下，风力发电机组都能在 $C_{P\max}$ 点运行，便可增加其输出功率。根据图 3-2，在任何风速下，只要使得风轮的叶尖速比 $\lambda = \lambda_{opt}$，就可维持风力发电机组在 $C_{P\max}$ 下运行。因此，当风速变化时，只要调节风轮转速，使叶尖速度与风速之比保持不变，就可获得最佳的功率系数。这就是变速恒频风力发电机组进行转速控制的基本目标。

根据图 3-2，这台风力发电机组获得最佳功率系数的条件为

$$\lambda = \lambda_{opt} = 9 \tag{3-3}$$

这时，$C_P = C_{P\max}$，而从风能中获取的机械功率为

$$P_m = k C_{P\max} v^3 \tag{3-4}$$

式中，k 为常系数，$k = 1/2\rho A$。

二、风轮转矩转速的范围限制

从理论上讲，输出功率是无限的，它与风速的三次方成正比关系。但实际上，由于机械强度和电力电子器件容量的限制，输出功率是有限度的，超过这个限度，风力发电机组的某些设备便不能工作。因此，风力发电机组受到两个基本限制：

1. **功率**

所有电路及电力电子器件的容量限制了功率的输出。

2. **转速**

所有旋转部件的机械强度限制了转速。

图 3-3 是在不同风速下的转矩-转速特性。定桨恒速运行的风力发电机组的工作轨迹为直线 XY。从图中可以看到，定桨恒速风力发电机组只有一个工作点运行在 $C_{P\max}$ 上。

理想的变速恒频风力发电机组的工作点是由若干条曲线组成的，其中在额定风速以下的 OA 段为切入阶段，O 点对应的是切入转速。AB 段为变速运行阶段，风力发

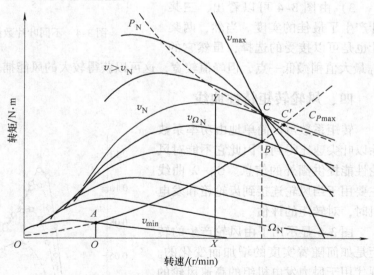

图 3-3 风力发电机组在运行区域内的转矩-转速特性

电机组在此区域获得 $C_{P\max}$。在 B 点，机组已经达到额定转速，当风速继续增加时，机组运行在 BC 段，直至在 C 点受到功率限制。在稳态情况下，机组在 C 点实现额定运行。当风速继续上升时，机组将调整桨距角以限制风轮的吸收功率。在动态情况下，由于变桨调整的响应较慢，机组为保证额定的功率输出，在安全限制内将允许动态转速超过额定值，而后在变桨系统的气动调节下实现限制风轮吸收功率的效果后向额定运行点 C 进行回调，也即在大

于额定风速的情况下,机组在 C 点附近进行动态调整,具体的调整幅度,也即转矩上限值和转速上限值由机组本身的特性决定。

三、实度对风轮特性的影响

在讨论风力机特性时,有一个参数必须考虑,即风轮的实度,实度定义为全部桨叶的面积除以其风轮扫掠面积。风力机的实度可以通过改变风轮的桨叶数量来改变,也可以通过改变桨叶的弦长来改变。实度变化的主要影响如图 3-4 所示。

1)低实度产生一个宽而平坦的曲线,这表示在一个较宽的叶尖速比范围内 C_P 变化很小。但是 C_P 的最大值较低,这是因为阻尼损失较高(阻尼损失大约与叶尖速比的三次方成比例)所造成的。

2)高实度产生一个含有尖峰的狭窄的性能曲线,这使得风轮的 C_P 值对叶尖速比变化非常敏感,并且,如果实度太高,C_P 的最大值将相对较低,$C_{P\max}$ 的降低是由失速损失所造成的。

3)由图 3-4 可以看出,三桨叶产生了最佳的实度。当然,两桨叶也是可以接受的选择,虽然它的 C_P 最大值稍微低一点,但峰值较宽,这可以获得较大的风能捕获量。

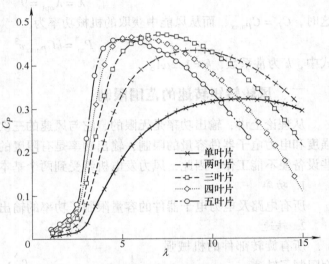

图 3-4 不同叶片数量情况下的 C_P-λ 曲线

四、风轮转矩特性曲线

转矩系数可以简单地由功率系数除以叶尖速比得到,因此它不能对风轮性能提供额外的信息。C_Q-λ 曲线主要用于当风轮连接到齿轮箱和发电机时,对转矩的评估。

图 3-5 显示出了由风轮产生的转矩是如何随着实度的增加而变化的。现代用于风力发电机组的高速风轮的设计是转矩越小越理想,这样会降低齿轮箱的成本。另一方面,多叶片高实度风轮,在低速旋转时具有很高的起动转矩系数,这对风力机的起动是有利的。

与功率曲线的峰值相比,转矩曲

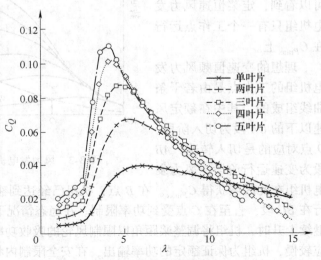

图 3-5 不同叶片数量情况下的 C_Q-λ 曲线

线的峰值产生在较低的叶尖速比上。对于图3-5上所示的最高的实度，曲线的峰值产生在叶片失速时。

五、风轮推力特性曲线

风轮上的推力直接作用在支撑风轮的塔架上，是决定塔架结构设计的主要参考因素。一般来说，风轮上的推力随着实度的增加而增大，如图3-6所示。

六、K_P-1/λ 曲线

对于定桨恒速运行的风力机，其特性可用 K_P-1/λ 曲线来描述，它表示在风力机转速不变的情况下，功率随风速变化的特性。K_P-1/λ 曲线也是无因次特性曲线。K_P 定义为

$$K_P = \frac{P}{\frac{1}{2}(\rho\omega)^3 RA_D} = \frac{C_P}{\lambda^3} \quad (3-5)$$

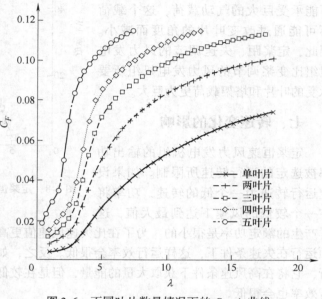

图 3-6　不同叶片数量情况下的 $C_F-\lambda$ 曲线

对于固定桨距的风力机，C_P-1/λ 曲线和 K_P-1/λ 曲线如图3-7所示，K_P-1/λ 曲线与功率特性曲线具有相同的形状。由于定桨恒速风力发电机组的效率随风速大小而变化，在设计时必须考虑将最大效率点设计在风能利用率最高的风速点。

K_P-1/λ 曲线的重要特征是当风力机失速以后，功率在最初阶段跌落，然后随着风速的增大逐步增大。这个特征是功率自动失速调节的基本条件，即发电机在风速达到额定值以后不会因风速的增大而过载。在理想情况下，功率随着风速增大到最大值后就保持恒定，不再随风速的增大而增大，这称为完美的失速调节。

失速调节是控制风力机最大功率的最简单方法，这能保证与所设计的发电机和齿轮箱的容量相匹配。失速控制的主要优点是简单，但也有相当大的缺点。功率相对风速的曲线由叶片的空气动力特性所决定，特别是失速特性。风轮失速后的功率输出是非常不稳定的，到目前为止，其测量值与理论值仍有较大差异，如图3-8所示。

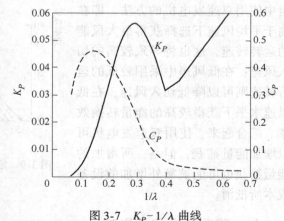

图 3-7　K_P-1/λ 曲线

失速叶片同样表现出低的振动阻尼，因为环绕叶片的气流与低压表面不接触，叶片振动

对空气动力影响很小。低阻尼使振幅加大，不可避免地伴随着大的弯曲和应力，造成疲劳损坏。当风轮运转在高湍流的风况中时，固定桨叶的风轮可能承受巨大的气动载荷，这个载荷不可能通过改变叶片的角度而减小。因此，定桨距、失速调节的风力发电机组比变桨调节的风力发电机组所要承受的叶片和塔架载荷更为巨大。

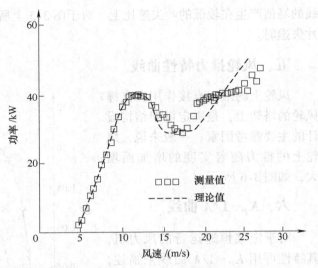

图 3-8　定桨恒速风力发电机组的理论与实际功率曲线

七、转速变化的影响

定桨恒速风力发电机组的输出功率被选定的运行转速所限制。如果设定运行转速为一个低的转速，功率将在一个较低的风速下达到最大值，这样产生的额定功率是很小的。为了在比失速风速值更高的风速中获取能量，风力发电机组必须运行在失速条件下，这样运行效率会很低。反之，如果风力发电机组被设定在高转速下运行，它将在高风速条件下获取大量的能量，但是在较低风速条件下，因为高的阻尼损失，运行效率也会很低。

另一方面，在低风速时，随着转速的增加，功率明显下降，但采用较低的运行转速，能在低风速中获得较高的功率，如图 3-9 所示，由此产生了在定桨恒速风力发电机组中使用双速发电机的方法。即在高于平均风速下选择获得最大风能的运转转速，这也将导致较高的切入风速；在低风速中采用较低的运行转速则可以降低切入风速，在低风速水平下获得较高的能量转换效率。综合起来，使用双速发电机可以增加能量捕获，但是，所增加的能量捕获也可能被额外增加的设备成本所抵消。

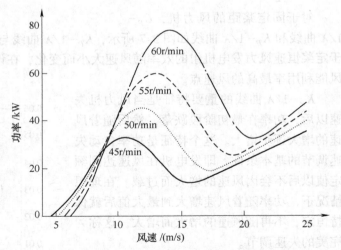

图 3-9　定桨距风力发电机组运行转速与功率输出的关系

八、桨距角变化的影响

影响功率输出的另一个参数是桨距角 β。桨叶一般设计成扭曲形，即不同截面的桨距角其实是不同的，但可以在根部进行整个叶片桨距角的设定。图 3-10 显示出了桨距角变化所产生的影响。

桨距角的一个小变化可以对功率输出产生显著的影响。正的桨距角设定增大了桨距角，减小了攻角；反之，负的桨距角设定增大了攻角，并可能导致失速发生。为了在特定的风况中能最佳运行而设计的定桨恒速风力发电机组也可以用在其他风况中，只要适当地调节桨叶的安装角（桨距角）和转速就可以了。

变桨控制的最重要应用是功率调节。如图 3-11 所示，在高于额定风速时通过对桨距角的控制提高了功率输出的稳定性，同时也显示出桨距角对于功率的调节是非线性的。

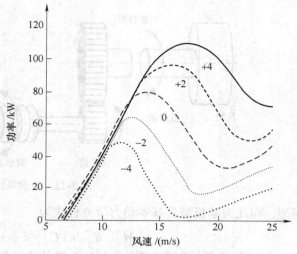

图 3-10　桨距角与功率输出的关系

变桨控制还有其他作用：采用一个接近于 0°的桨距角可以在风轮起动时产生一个大的起动转矩；在关机时一般采用 90°桨距角，这样可以降低风轮的空转速度以便制动，正 90°桨距角被称为"顺桨"。功率调节可以通过变桨到失速来实现（称为主动失速），也可以通过变桨到顺桨来实现，后一个过程是通过减小攻角达到减小桨叶的升力来实现功率调节的。

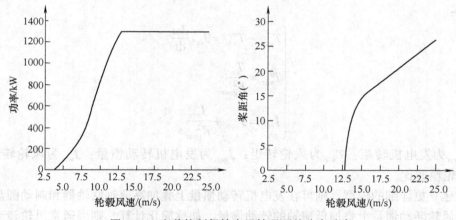

图 3-11　变桨控制保持大风情况下的稳定功率

第二节　传动链特性及数学模型

传动系统主要是由风轮、低速轴、齿轮箱、高速轴和发电机转子组成的，如图 3-12 所示。

风力发电机组的传动系统通常可以看成是由有限个惯性元件、弹性元件及阻尼元件组成的系统。因此在建立风力发电机组系统的机理模型中，通常采用弹簧阻尼质量系统作为力学

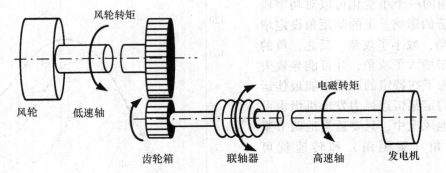

图 3-12 传动系统的组成

模型，而此力学模型的基本动力学方程式为

$$[M][\ddot{u}] + [C][\dot{u}] + [K][u] = [R] \tag{3-6}$$

式中，$[K]$ 为整体刚度矩阵；$[M]$ 为整体质量矩阵；$[C]$ 为整体阻尼矩阵；$[R]$ 为外载荷列阵；$[u]$、$[\dot{u}]$、$[\ddot{u}]$ 分别为节点的位移、速度、加速度列阵。

一、刚性轴模型

刚性轴模型认为低速轴、齿轮箱的传动轴、高速轴是刚性的，风轮转子和发电机转子只有一个旋转自由度，高速轴与低速轴之间的速度比在任何时刻为固定值。假如传动系统的扭转刚度很大，发电机和风轮的加速度来自于气动转矩与发电机反转矩之间的不平衡。可建立模型如下：

$$
\begin{cases}
T_{gen} - T'_{wtr} = J_{ech}\dfrac{\mathrm{d}\omega}{\mathrm{d}t} \\[2mm]
T'_{wtr} = \dfrac{T_{wtr}}{K_{gear}^2} \\[2mm]
J_{ech} = J_{gen} + \dfrac{J_{wtr}}{K_{gear}^2}
\end{cases} \tag{3-7}
$$

式中，T_{gen} 为发电机转矩；T_{wtr} 为风轮转矩；J_{gen} 为发电机转动惯量；J_{wtr} 为风轮转动惯量；K_{gear} 为齿轮箱速比。

如欲建立更详细的模型，则可在发电机转动惯量上叠加高速轴联轴器和制动圆盘的转动惯量，在风轮转动惯量上叠加低速轴的转动惯量。如欲简化计算，则因通常风轮转动惯量折算到高速轴后远大于发电机转动惯量，所以有时可以忽略发电机转动惯量。

二、两质块柔性轴模型

柔性轴模型认为低速轴和高速轴是柔性的，它允许风轮转子和发电机转子有各自的旋转自由度。风轮转子的加速度依赖于气动转矩和低速轴转矩之间的不平衡。发电机转子的加速度依赖于高速轴转矩和发电机反转矩之间的不平衡。传动轴的转矩可以通过 $T = k\theta + B\dot{\theta}$（$T$、$k$、$B$、$\theta$ 分别为传动轴的转矩、刚度、阻尼、角位移）来计算。下面分别分析传动系统各个组成部分的动态特性。

可以用一个简单的弹簧–质量–阻尼模型来描述风轮和低速轴的动态特性，受力示意图如图 3-13 所示。

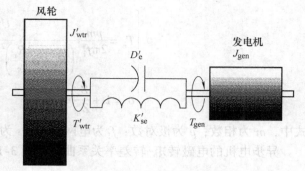

图 3-13 两质块柔性轴模型

图 3-13 中，J'_{wtr} 为风轮折算到高速轴的转动惯量，T'_{wtr} 为风轮折算到高速轴的转矩，T_{gen} 为发电机转矩，J_{gen} 为发电机转动惯量，D'_e 为系统阻尼黏性系数，k'_{se} 为系统等效刚度。此外，还可定义 ω'_{wtr} 为折算到高速轴的风轮角速度，ω_{gen} 为发电机角速度，θ'_{wtr} 为折算到高速轴的风轮角位移，θ_{gen} 为发电机角位移。于是可建立模型如下：

$$\begin{cases} T'_{wtr} = J'_{wtr}\dfrac{d\omega'_{wtr}}{dt} + D'_e(\omega'_{wtr} - \omega_{gen}) + k'_{se}(\theta'_{wtr} - \theta_{gen}) \\[2mm] \dfrac{d\theta'_{wtr}}{dt} = \omega'_{wtr} \\[2mm] -T_{gen} = J_{gen}\dfrac{d\omega_{gen}}{dt} + D'_e(\omega_{gen} - \omega'_{wtr}) + k'_{se}(\theta_{gen} - \theta'_{wtr}) \\[2mm] \dfrac{d\theta_{gen}}{dt} = \omega_{gen} \end{cases} \tag{3-8}$$

上式中，等效刚度 k'_{se} 为

$$k'_{se} = \frac{1}{\dfrac{k_{wtr}}{K^2_{gear}}} + \frac{1}{k_{gen}} \tag{3-9}$$

一个机构的刚度 k 是指弹性体抵抗变形（弯曲、拉伸、压缩等）的能力，对于旋转轴系统而言，其定义为：刚度 = 施加转矩/形变角度。系统的阻尼黏性系数 D 的定义为角速度增加 $\Delta\omega$ 引起转矩下降 ΔT 的度量，即 $D = \Delta T / \Delta\omega$。

第三节 电气特性及数学模型

一、普通异步发电机的特性

图 3-14 是异步电机的等效电路，当图中 I_s 为输出方向时，电机即运行于发电模式。

对于异步电机，由电机学公式可知，电磁转矩与转差率的关系如下：

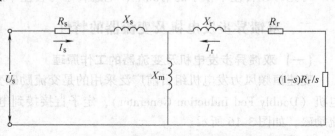

图 3-14 异步电机的等效电路

$$\begin{cases} T_e = \dfrac{pm}{2\pi f_1} \cdot \dfrac{U_s^2 \dfrac{R_r}{s}}{\left(R_s + \sigma\dfrac{R_r}{s}\right)^2 + (X_s + \sigma X_r)^2} \\ \sigma = 1 + \dfrac{Z_s}{Z_m} \approx 1 + \dfrac{X_s}{X_m} \end{cases} \tag{3-10}$$

式中，m 为相数；p 为极对数；f_1 为电网频率；s 为转差率。

异步电机的电磁转矩–转差率关系曲线如图 3-15 所示。

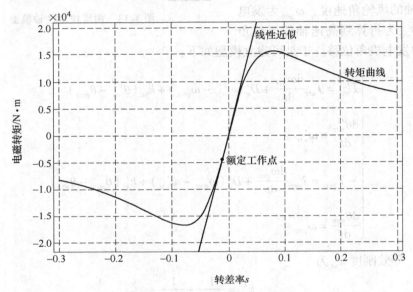

图 3-15　异步电机的电磁转矩–转差率关系曲线（750kW，4p）

由图 3-15 可见，异步电机在同步转速以上做发电机运行，在同步转速以下做电动机运行，在同步转速附近时，其转矩–转速曲线近似为直线。定桨恒速风力发电机组的实际运行区域为略高于同步转速的窄小范围，在此范围内转速越高则对应的发电机转矩也越高。对典型的 4 极 750kW 机型，其额定转速为 1518r/min，也即额定转差率为 −0.012。

由图 3-15 可见，在转差率很小时转矩曲线近似为直线，式(3-10) 可近似为

$$T_e = \dfrac{pm}{2\pi f_1} \cdot \dfrac{U_s^2}{\sigma^2 R_r} s \tag{3-11}$$

可见，在转差率很小的情况下，电磁转矩与转差率近似为线性关系。

二、双馈异步发电机及变流器的特性

（一）双馈异步发电机及变流器的工作原理

变速恒频风力发电机组目前广泛采用的是交流励磁变速恒频发电技术，采用双馈异步发电机（Doubly Fed Induction Generator），定子直接接到电网上，转子通过三相变流器实现交流励磁，如图 3-16 所示。

在研究风力发电机及变流器的特性之前，我们有必要首先来了解变速恒频双馈发电技术

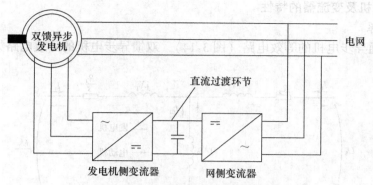

图 3-16　交流励磁变速恒频风力发电系统

的基本原理，可用图 3-17 来说明。

图 3-17 中，定子绕组并网，而转子绕组外接励磁变流器实现交流励磁。当发电机转子频率 f_Ω 变化时，控制励磁电流频率 f_2 来保证定子输出频率 f_1 恒定，即

$$f_1 = n_p f_\Omega + f_2 \qquad (3\text{-}12)$$

式中，n_p 为发电机极对数。

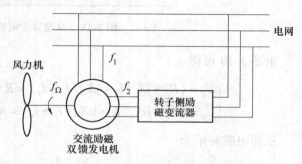

图 3-17　变速恒频双馈发电技术原理图

这样，当发电机转速低于气隙磁场旋转速度时，作亚同步运行，有 $f_2 > 0$，变流器向发电机转子提供正相序励磁。在不计损耗的理想条件下，有

$$P_2 \approx s P_1 \qquad (3\text{-}13)$$

式中，P_1 为定子输出电功率；P_2 为转子输入电功率。因转差率 $s > 0$，有 $P_2 > 0$，变流器向转子输入有功功率。

当发电机转速高于气隙磁场旋转速度时，作超同步运行，$f_2 < 0$。此时，一方面变流器向转子提供反相序励磁，另一方面因 $s < 0$、$P_2 < 0$，转子绕组向变流器送入有功功率。当发电机转速等于气隙磁场旋转速度时，$f_2 = 0$，变流器向转子提供直流励磁。此时，$s = 0$、$P_2 = 0$，变流器与转子绕组之间无功率交换。由此可见，对发电机励磁频率的控制是实现变速恒频的关键。

在忽略损耗的情况下，有如图 3-18 所示的功率关系，但通过变流器的功率方向在发电机亚同步运行时会反向。

在跟踪最大风能捕获的变速运行中，使风力发电机组在不同风速下均能以保持风能利用系数 $C_P = C_{P\max}$ 的最佳转速运行。而要保持恒定的 C_P，可以通过调节发电机的有功功率来改变其电磁阻力转矩，进而调节机组转速，这是通过发电机定子磁链定向矢量变换控制来实现的。

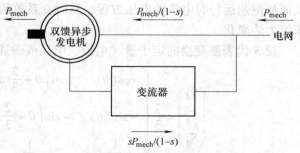

图 3-18　双馈发电机组的功率关系

33

(二) 发电机及变流器的特性

1. 基本关系

类似于普通异步电机的等效电路（图3-14），双馈异步电机的等效电路如图3-19所示。

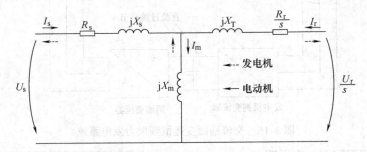

图3-19　双馈异步电机的等效电路

由图3-19可得

$$\begin{cases} U_s = (R_s + jX_s)I_s + jX_m(I_s + I_r) = R_sI_s + j\omega_1[L_sI_s + L_m(I_s + I_r)] \\ U_r = (R_r + jsX_r)I_r + jsX_m(I_s + I_r) = R_rI_r + js\omega_1[L_rI_r + L_m(I_s + I_r)] \end{cases} \tag{3-14}$$

从而电磁转矩为

$$T_e = \frac{3}{2}n_pX_m\mathrm{Re}[jI_s^*I_r] \tag{3-15}$$

式中，I_s^* 为 I_s 的共轭值。有功功率和无功功率的表达式为

$$\begin{cases} P_s = \dfrac{3}{2}\mathrm{Re}(U_sI_s^*) \\ Q_s = \dfrac{3}{2}\mathrm{Im}(U_sI_s^*) \end{cases} \tag{3-16}$$

$$\begin{cases} P_r = \dfrac{3}{2}\mathrm{Re}(U_rI_r^*) \\ Q_r = \dfrac{3}{2}\mathrm{Im}(U_rI_r^*) \end{cases} \tag{3-17}$$

2. 坐标变换

由电机学的坐标变换理论可知，若将在固定轴线（定子）上的电压、电流和磁链变换到旋转的轴线（转子）上来，可以将电机中随转子转角 θ 而变化的自感和互感变换成常值，从而使恒速运行时电机的电压方程，从时变系数的微分方程变换为常系数微分方程，进而使求解大为简化。

设 S 代表要变换的定子量（电流、电压或磁通），可以用矩阵形式写出变换为

$$\begin{pmatrix} S_d \\ S_q \\ S_0 \end{pmatrix} = \frac{2}{3}\begin{pmatrix} \cos(\theta) & \cos\left(\theta + \dfrac{2}{3}\pi\right) & \cos\left(\theta + \dfrac{4}{3}\pi\right) \\ -\sin(\theta) & -\sin\left(\theta + \dfrac{2}{3}\pi\right) & -\sin\left(\theta + \dfrac{4}{3}\pi\right) \\ \dfrac{1}{2} & \dfrac{1}{2} & \dfrac{1}{2} \end{pmatrix}\begin{pmatrix} S_a \\ S_b \\ S_c \end{pmatrix} \tag{3-18}$$

其反变换为

$$
\begin{bmatrix} S_a \\ S_b \\ S_c \end{bmatrix} = \begin{pmatrix} \cos(\theta) & -\sin(\theta) & 1 \\ \cos\left(\theta+\dfrac{2}{3}\pi\right) & -\sin\left(\theta+\dfrac{2}{3}\pi\right) & 1 \\ \cos\left(\theta+\dfrac{4}{3}\pi\right) & -\sin\left(\theta+\dfrac{4}{3}\pi\right) & 1 \end{pmatrix} \begin{bmatrix} S_d \\ S_q \\ S_0 \end{bmatrix} \qquad (3\text{-}19)
$$

式中，S 为变换的量；下标 d 和 q 分别为直轴和交轴；下标为 0 的是零序分量，在三相对称的情况下不产生零序分量。

在 $dq0$ 坐标下的电压方程为

$$
\begin{cases} u_d = p\psi_d - \psi_q \omega_r - R_a i_d \\ u_q = p\psi_q + \psi_d \omega_r - R_a i_q \\ u_0 = p\psi_0 - R_a i_0 \end{cases} \qquad (3\text{-}20)
$$

式中，p 为微分算子；ω_r 为用电角表示时转子的旋转角速度。

式（3-20）即派克方程，由此可见，直轴和交轴电压方程中出现了运动项，这是由于 abc 坐标系是静止不动的，而 $dq0$ 坐标系则与转子一起旋转。

3. 磁场定向

双馈电机可以采用磁场定向的方法进行控制，磁场定向矢量控制基于电机动态方程，通过控制电机电流矢量与定向磁场矢量的夹角和大小来实现对无功功率和有功功率的控制。在双馈发电系统中，通常使用定子磁场定向矢量控制。

图 3-20 为发电机并网分析用参考坐标系示意图，其中 $\alpha_s\beta_s$ 为定子两相静止坐标系，α_s 轴取定子 A 相绕组轴线正方向。$\alpha_r\beta_r$ 为转子两相坐标系，α_r 取转子 a 相绕组轴线正方向。$\alpha_r - \beta_r$ 坐标系相对于转子静止，相对于定子绕组以转子角速度 ω_r 逆时针方向旋转。dq 坐标系是两相旋转坐标系，以同步速 ω_1 逆时针旋转。α_s 轴与 α_r 轴的夹角为 θ_r，d 轴与 α_s 轴夹角为 θ_s。

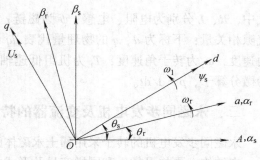

图 3-20 坐标变换系统

为实现发电机有功、无功的解耦和独立调节，控制系统采用了发电机定子磁链定向矢量变换控制，所采用的 dq 坐标系的 d 轴与定子磁链矢量 ψ_s 的方向重合，并按电动机惯例建立发电机数学模型。在磁链定向矢量控制的前提下，有

$$
\begin{cases} p\psi_s = 0 \\ \psi_s = \dfrac{u_s}{\omega_1} \end{cases} \qquad (3\text{-}21)
$$

式中，p 为微分算子；u_s 为电压矢量。

由于定子接入工频电网，与电抗相比可以忽略定子电阻，发电机端电压矢量 U_s 应该超前定子磁链矢量 ψ_s 90°，即位于 q 轴正方向。式（3-22）、式（3-23）可分别写为定子电压方程和转子电压方程。

定子电压方程为

$$\begin{cases} u_{ds} = -p\psi_{ds} + \psi_{qs}\omega_1 - R_s i_{ds} = 0 \\ u_{qs} = -p\psi_{qs} - \psi_{ds}\omega_1 - R_s i_{qs} = -u_1 \end{cases} \tag{3-22}$$

式中，u_1 为定子电压矢量的幅值。

转子电压方程为

$$\begin{cases} u_{dr} = p\psi_{dr} - \psi_{qr}\omega_s + R_r i_{dr} \\ u_{qr} = p\psi_{qr} + \psi_{dr}\omega_s + R_r i_{qr} \end{cases} \tag{3-23}$$

定子磁链方程为

$$\begin{cases} \psi_{ds} = L_s i_{ds} - L_m i_{dr} = L_m i_{ms} = \psi_s \\ \psi_{qs} = L_s i_{qs} - L_m i_{qr} = 0 \end{cases} \tag{3-24}$$

转子磁链方程为

$$\begin{cases} \psi_{dr} = L_r i_{dr} - L_m i_{ds} \\ \psi_{qr} = L_r i_{qr} - L_m i_{qs} \end{cases} \tag{3-25}$$

电磁转矩方程为

$$T_e = \frac{3}{2} n_p L_m (i_{qs} i_{dr} - i_{ds} i_{qr}) \tag{3-26}$$

运动方程式为

$$T_L - T_e = \frac{J}{n_p} \frac{d\omega_r}{dt} \tag{3-27}$$

式中，R、L 分别为电阻、电感；ψ 为磁链；下标为 s、r、m 的物理量分别为定子、转子及气隙相关量；下标为 d、q 的物理量代表 dq 坐标系中的相应分量；$\omega_s = \omega_1 - \omega_r$，$\omega_1$ 为同步角速度，ω_r 为转子角速度；T_L 为机组低速轴输出驱动转矩；J 为风力发电机组转动惯量；p 为微分算子，$p = d/dt$。

三、永磁同步发电机及变流器的特性

永磁同步发电机的转子采用稀土永磁体励磁，不需要励磁绕组和集电环，减小了励磁损耗，在结构上更加可靠。和同样容量及形式的绕线转子同步发电机相比，永磁发电机由于磁能积大，不存在励磁损耗，从而体积和质量更小，有利于机组大型化。永磁发电机由于无集电环/电刷结构，所以不需要对这部分进行维护，但是永磁发电机由于励磁能量不可调节，永磁体的温度系数也较大，因此在不同负载下的输出电压不稳定。

（一）永磁同步发电机的电压控制

由于永磁同步发电机在不同负载下电压会发生变化，所以需要用电力电子器件对其电压进行控制，在获得稳定直流电压的情况下进行逆变，向电网输出电压、频率恒定的三相电能。为实现此目的，有以下两种变流器拓扑方案可供选择：

1. 不控整流 + 直流调压 + 可控逆变（如图 3-21 所示）

在这种方式下，整流侧由大功率二极管构成，只控制直流升压部分和交流逆变部分，成本较低，控制简单，发电机定子绕组无须承受高的 du/dt 与电压峰值，但是带来的问题是续流电感和滤波电容的容量很大，直流环节的谐波较大，经过逆变后会对交流电网造成不良影

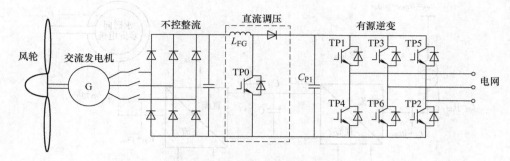

图 3-21　全功率变流拓扑（不控整流）

响。虽然与可控整流方式相比，整流器件的成本降低了一些，但大容量的电感和电容元件仍然是昂贵的。

2. 可控整流 + 可控逆变（如图 3-22 所示）

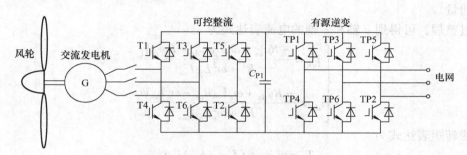

图 3-22　全功率变流拓扑（可控整流）

可控整流解决了永磁同步发电机在负载变化时输出电压的波动问题，不像二极管整流方式需要附加直流调压器件。可控整流能大大减小直流环节的谐波，从而减小滤波电容的容量。该方式可以完全独立地控制电能的有功和无功功率，能电动运行，甚至能作为静止无功发生器来使用。其缺点是发电机定子绕组承受较高的 $\mathrm{d}u/\mathrm{d}t$ 与尖峰电压，需要做绝缘加强处理。

早期的永磁同步发电机型多采用不控整流方式（如 Vensys 公司的 1.2MW 机型），新开发的机型基本都采用了可控整流方式，这一方面是为了获得更好的控制性能，另一方面也是从综合成本上考虑和控制技术发展的必然结果。

（二）永磁同步发电机与变流器的特性

与双馈机组不同，永磁同步发电机的励磁强度不可调节，只能通过控制定子绕组的电压来实现对发电机转矩的调节。永磁同步发电机全功率变流结构如图 3-23 所示。

以转子磁链定向进行发电机三相坐标系 dq 轴变换，可以得到

$$U_{\mathrm{s}} = u_{qs} + \mathrm{j}u_{ds} = m_1 U_d \mathrm{e}^{-\mathrm{j}\theta} \tag{3-28}$$

式中，m_1 为幅值参数；u_{qs} 为定子电压的 q 轴分量；u_{ds} 为定子电压的 d 轴分量，由发电机侧的 PWM 控制决定；θ 为负载角。

发电机定子的 d 轴和 q 轴电动势可以表示为

$$\begin{cases} u_{qs} = -Ri_{qs} + \omega_{\mathrm{e}} L_{ds} i_{ds} + \omega_{\mathrm{e}} \psi_{\mathrm{f}} \\ u_{ds} = -Ri_{ds} - \omega_{\mathrm{e}} L_{qs} i_{qs} \end{cases} \tag{3-29}$$

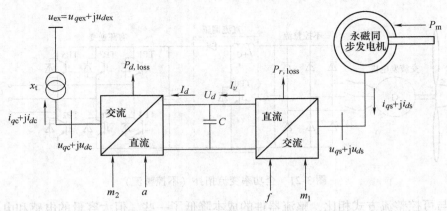

图 3-23 永磁同步发电机全功率变流结构

式中，R 为定子电阻；ω_e 为定子电频率；L_{ds}、L_{qs} 分别为定子漏抗的 d、q 轴分量；Φ_f 为永磁体的磁通量。

经过整理，可得到 d 轴和 q 轴的电流表达式为

$$\begin{cases} i_{qs} = \dfrac{-Ru_{qs} - \omega_e L_{ds} u_{ds} + R\omega_e \psi_f}{R^2 + \omega_e^2 L_{qs} L_{ds}} \\ i_{ds} = \dfrac{-Ru_{ds} + \omega_e L_{qs} u_{qs} - \omega_e^2 L_{qs} \psi_f}{R^2 + \omega_e^2 L_{qs} L_{ds}} \end{cases} \tag{3-30}$$

电磁转矩表达式为

$$T_e = \psi_f i_{qs} + (L_{ds} - L_{qs}) i_{qs} i_{ds} \tag{3-31}$$

永磁发电机全功率变流方式要求发电机侧的 PWM 变流器能保持直流环节电压的稳定，这样才能保证向电网逆变输出稳定电压和频率的三相电能。在不考虑变流器损失的情况下，有

$$\frac{dU_d}{dt} = \frac{1}{CU_d}(-P_c + P_s) \tag{3-32}$$

式中，P_c 和 P_s 分别为电网侧和定子侧变流器的有功功率。

电网侧变流器电压为

$$U_c = u_{qc} + ju_{dc} = m_2 U_d e^{j\alpha} \tag{3-33}$$

式中，幅值系数 m_2 和相角 α 由电网侧变流器控制。

变流器输出端通过电抗器滤波后连接电网，变流器输出电压和电网电压存在如下关系：

$$U_c - U_{ex} = jX_t I_c \tag{3-34}$$

从而电网侧变流器输出电流为

$$I_c = \frac{U_c - U_{ex}}{jX_t} = \frac{-u_{qex} - ju_{dex} + u_{qc} + ju_{dc}}{jX_t} \tag{3-35}$$

那么，经过 dq 分解后得

$$\begin{cases} i_{qc} = \dfrac{u_{dc} - u_{dex}}{X_t} \\ i_{dc} = \dfrac{u_{qex} - u_{qc}}{X_t} \end{cases} \tag{3-36}$$

于是，输出给电网的无功功率为

$$Q_{\text{grid}} = \text{Im}\left\lfloor (u_{qex} + ju_{dex})(i_{qc} - ji_{dc}) \right\rfloor = u_{dex}i_{qc} - u_{qex}i_{dc} \tag{3-37}$$

而电网侧变流器的有功功率为

$$P_c = \text{Re}\left\lfloor (u_{qc} + ju_{dc})(i_{qc} - ji_{dc}) \right\rfloor = u_{qc}i_{qc} + u_{dc}i_{dc} \tag{3-38}$$

在不考虑损失的情况下，这也就是输送给电网的有功功率。

永磁发电机全功率变流的关键在于以定子侧 PWM 变流器实现当发电机定子输出电压不稳定时保持直流过渡电压稳定，以电网侧变流器实现稳定电压、频率的三相电能输出，并独立调节输出有功功率和无功功率。

第四节　变桨系统特性及数学模型

一、变桨系统的工作原理

变桨系统的主要功能是通过调节桨叶对气流的攻角，改变风力机的能量转换效率从而控制风力发电机组的功率输入，变桨系统还在机组需要停机时提供空气动力制动。变桨执行机构是变速恒频风力发电动机组控制系统的一个重要组成部分，通常采用液压驱动或电动机驱动，在设计阶段需要考虑两种方式的优点和缺点。

小功率风力发电机组通常使用一个集中的变桨执行机构来控制所有的桨叶，而大容量的风力发电机组采用独立的变桨执行机构已成为发展趋势，其优势在于可以取代机组在其他情况下所需要的机械制动机构。这是因为一台机组至少需要两个独立的制动系统，以确保故障情况下风力发电机组能从满载状态脱网并安全地过渡到停机状态。如果每一个变桨执行机构可以做到独立地安全制动，即使是在其他变桨执行机构失效时，只要有一个变桨机构动作，就可以将风轮转速降低到安全转速，则多个变桨执行机构可以被认为是独立的制动系统，因此整个系统就有了三个独立的制动系统。

独立变桨控制要求每个桨叶在轮毂里都有各自的执行机构，因此必须向旋转的轮毂里输送动力来驱动执行机构。对于液压执行机构可以使用液压旋转接头来实现，而对于电动执行机构一般通过集电环来做到这一点。除了必要的动力回路外还需要一些信号回路，如交互控制信号、状态反馈和必要的安全联锁信号等。

在大型风力发电机组的设计过程中，利用变桨系统来完成所有情况下的初级制动已经成为普遍采用的方法，这种制动方法可以避免传统方法中使用的机械制动对齿轮箱产生破坏性载荷。在这样的情况下，高速轴的机械制动系统只需要将低速自由运动的风轮进行制动，在人员维护时可起到安全保护作用。

二、采用液压变桨的执行机构

液压执行机构通常采用比例阀来控制。在液压阀打开的时候，通过比例阀使液压油流量与要求的变桨速率成一定的比例。变桨速率的控制要求来自控制器和桨距角位置反馈信号，即控制器生成一个要求的变桨位置控制信号，与测量得到的变桨位置比较，位置误差信号通过快速 PI 或者 PID 控制环被转换为变桨速率信号，从而形成比例阀的控制信号。这一过程通常通过数字或简单的模拟电路来实现。

图 3-24 是典型的液压变桨系统三维图。液压变桨系统与电动变桨系统相比，结构比较简单、体积小、功率密度大，实现失效保护的结构也比较简易。从风电场的实际运行经验看，其主要问题是在严苛运行环境下液压系统油液渗漏问题和比例控制阀动作失效问题。

变桨机械由推盘和连杆构成，电液比例系统的液压缸活塞推动推盘沿轴向运动，带动连杆，使得桨距角发生变化。桨距角的变化与活塞连杆的位移基本成正比。

电液比例变桨距系统原理如图 3-25 所示，设计时主要遵循快速性、节能以及安全性这三项原则。

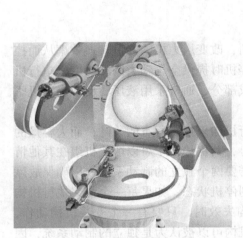

图 3-24　液压变桨系统三维图

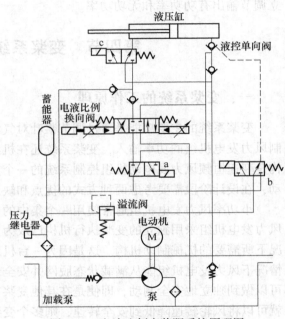

图 3-25　电液比例变桨距系统原理图

（1）快速性　由于变桨控制仅要求液压缸单端工作，因此考虑安装和性价比，选用单出杆液压缸。但由于液压缸有杆腔内活塞杆占了大半容积，在定量泵恒定流量作用下，逆桨变化速率会比顺桨大许多，为此可以考虑设计差动回路。当桨叶顺桨时，有杆腔的油液和泵的供油一同流入无杆腔内，以提高顺桨变化速率。

（2）节能　在变桨工作过程中，泵的起停由两点压力继电器控制。当系统压力低于压力继电器低压点时，泵起动并对蓄能器充压；当系统压力高于压力继电器高压点时，泵停机，系统油压由蓄能器维持。

（3）安全性　在机组出现故障紧急停机时，电路切除，泵停转，但在蓄能器作用下，桨叶仍能迅速顺桨。

如图 3-26 所示，当比例控制系统的执行元件（液压缸）设有反馈信号（位置反馈信号）时，液压系统组成了精度较好的闭环控制方式。在风力发电机组控制系统输出与桨叶安装角大小对应的液压缸位置信号后，该输入信号与液压缸位置反馈信号比较后获得差值电压，并据此来确定活塞移动的方向和位移量。其中，该差值电压经放大器变换放大后变成控制电流输入比例阀的比例电磁铁上，比例阀工作，液压缸活塞往设定位置移动。当液压缸活塞达到设定位置后，位置反馈元件反馈的信号与输入信号相等，放大器输出电流为零，比例阀回到中位状态，桨距角调节过程完成。变桨过程是一个输入信号跟反馈信号不断比较的过程，故液压缸的活塞位置只取决于设定信号的大小。

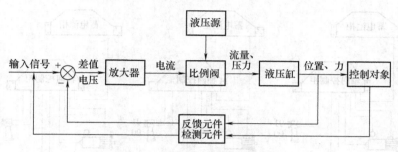

图 3-26　电液比例控制框图

在液压系统中，滑阀的卡涩是常见的故障。在风力发电机组的运行过程中，已出现过多次因阀芯卡涩导致机组损坏的事例。变桨电液控制系统的关键部分是电液比例阀，如果比例阀的阀芯发生卡涩故障，使桨距角不能按照控制规律正常变化，这样不仅不能使风力发电机组输出最大的电能，而且在风速高于额定风速的情况下将对风力发电机组产生冲击破坏。为此，部分厂商在实际应用中采用了高油压并联（液压冗余）型电液比例变桨执行机构，这是基于电液比例阀在线故障诊断研究而提出的。在电液比例阀出现故障时，故障诊断机能够及时对故障进行判断，发出警报，同时起动冗余机构进行控制，使液压系统仍然能满足风力发电机组的要求。

三、采用电动变桨的执行机构

（一）电动变桨系统的结构

变桨系统的另一种驱动方式是电动机驱动方式。图 3-27 是典型的电动变桨系统三维图。由于电动变桨驱动方式易于实现复杂、快速的控制目的，可靠性高，比液压变桨应用得更为普遍。

图 3-28 是典型的变速恒频风力发电机组电动变桨系统的组成结构，为七柜形式，除此之外也有根据轮毂设计特点或用户特殊要求的三柜、四柜等形式。每支桨叶采用一个带位移反馈的伺服电动机进行单独调节，位移传感器可采用编码器或者旋转变压器方式，并将其安装在变桨齿轮侧和电动机输出轴上进行测量和计算桨距角。伺服电动机通过行星减速齿轮箱与变桨轴承内齿环啮合，带动桨叶转动，实现对桨距角的直接控制。内齿环与一个塑料小齿轮啮合，带动编码器直接测量桨距角。变桨伺服控制是依据安装在电动机输出轴上的编码器或旋转变压器的实时测量结果进行控制的，以变桨齿轮编码器作为冗余控制的参考值，它直接反映的是桨距角的变化，当

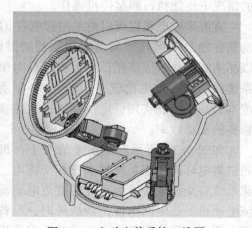

图 3-27　电动变桨系统三维图

41

上述两路信号不一致时，控制器便可知道系统出现了故障。

在内齿环侧安装两个限位开关，位于桨距角91°和95°位置，对应顺桨位置进行冗余限位保护，在顺桨过程中，桨叶到达顺桨位置触发限位开关后，将切断电动机驱动电源。

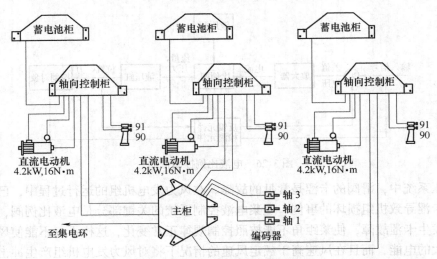

图 3-28　电动变桨系统的组成

（二）电动变桨系统采用的驱动设备

1. 直流电动机

如图 3-29 所示，直流串励电动机的起动转矩比较大，特别适用于变桨驱动的大惯性负载。以直流串励电动机进行变桨控制能获得较好的动态性能，控制也相对简单，是早期电动变桨系统最为常用的一种方式。

直流串励电动机有换向器和电刷，需要定期进行维护和更换。直流电动机的一大优势是能直接用后备电源驱动，在电动机驱动器故障的情况下也能执行顺桨停机操作。

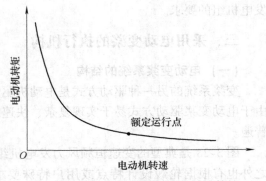

图 3-29　直流串励电动机转矩-转速特性

直流串励电动机可以由晶闸管或者 IGBT 驱动其在四象限运行来满足变桨控制的需要。以晶闸管驱动时成本稍低，但在轻载时驱动系统的功率因数也比较差；以 IGBT 驱动时成本稍高，但能实现低电压穿越，也能获得较高的驱动效率。

如图 3-30 所示，在正常情况下，机舱通过集电环向变桨系统提供三相交流电，变桨系统将交流电转换为可控的直流电驱动直流电动机。当电网电源出现故障时，后备直流电源可以受控驱动直流电动机，但当进行

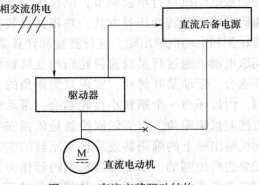

图 3-30　直流变桨驱动结构

电源控制的驱动器发生故障时，后备直流电源也可以直接驱动直流电动机，这就使驱动系统具有较高的可靠性。

2. 交流电动机

目前电动变桨系统越来越多采用交流电动机驱动方式，可选择的类型主要有笼型交流异步电动机和永磁同步电动机。这些电动机都没有电刷，电动机本身不需要维护，但都必须由电力电子器件进行驱动，如果驱动器本身出现故障，电动机也无法执行顺桨停机操作。

如图 3-31 所示，交流电动机在起动时的起动转矩不如串励直流电动机，但交流电动机的控制更灵活，且不需要直流电动机可逆调速电路中必备的平波电抗器等设备。当电动变桨系统容量因机组需求而增大时，交流电动机相对于直流电动机在成本、重量和系统复杂度方面的优势很明显。交流电动机的控制技术非常成熟，广泛应用于工业生产的各个领域。对应电动机额定转速的运行点通常位于弱磁调速区域，但在实际运行过程中，变桨系统多数工作时段的变桨速度不高，仍处于恒转矩区域内。

如图 3-32 所示，交流电动机是由驱动器控制的，无论驱动器的供电来自电网还是后备电源，当驱动器出现故障时，电动机都会无法运行。三个轴向驱动器同时出现故障的概率非常低，但在变桨系统设计时要特别注意防范这种风险。采用交流电动机的一个重要优势是电动机的转速和转矩在任何情况下都是灵活可控的，因而在紧急顺桨时可以通过变速控制避免过大的停机载荷。当直流电动机以后备电源来进行紧急顺桨时，由于电动机的转矩和转速不再受控，这可能对机组载荷造成较大的影响。

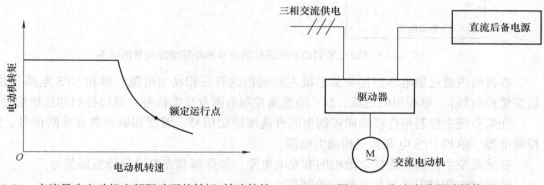

图 3-31　交流异步电动机变频驱动下的转矩-转速特性　　图 3-32　交流变桨驱动结构

3. 后备电源

后备电源可以在紧急情况下直接驱动直流电动机进行顺桨，但对交流电动机而言，在后备电源和驱动电动机之间的驱动器是否可靠就显得十分重要，特别应考虑风力发电机组在现场遭遇雷击时的情况。变桨执行机构必须独立地做到失效安全，所以必须为每个叶片提供独立的后备电源。

后备电源被安装在轮毂内，每片桨叶的驱动机构都有独立的后备电源。通常后备电源为铅酸蓄电池或超级电容。铅酸蓄电池的成本较低，存储的能量大，但铅酸蓄电池对低温环境的适应能力较差，定期充放电维护的要求高，近年来已较少使用。超级电容的体积小，对环境的适应性强，性能参数易检测，目前其成本已大幅度下降，在风电和电动汽车行业都得到了广泛应用。

(三) 电动变桨系统的数学模型

电动变桨系统的主要功能是根据控制系统要求的速度和方向驱动桨叶旋转到控制系统要求的桨距角位置。除此以外，变桨系统应建立与风力发电机组控制系统的通信通道，有良好的操作和维护界面，能在与控制系统的通信出现故障或者变桨驱动器故障的情况下执行安全的顺桨停机任务，能对自身的运行状况进行监控，能对后备电源进行充放电维护和状态监测。电动变桨控制系统由一个主控制柜和三个轴向控制柜组成，其外部给定信号和内部控制信号的联系如图 3-33 所示。

变桨系统控制器的工作电源均来自于 UPS 或其他后备电源，以保证在电网电压波动时，变桨控制系统正常工作。

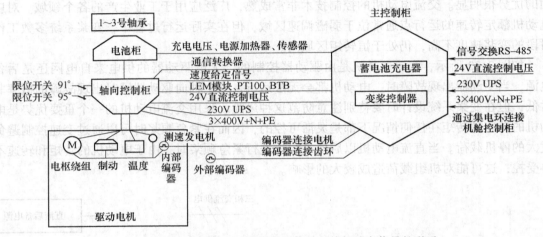

图 3-33　电动变桨驱动系统的控制信号和外部给定信号的联系

在机舱内通过集电环连接变桨系统主控制柜的有三相动力电源、单相 UPS 电源（供应给变桨控制器）、单相照明电源、24V 的直流控制电源及反馈信号、总线控制和反馈信号。

变桨系统主控制柜连接轴向控制柜的有速度给定信号、温度和驱动器自诊断信号、24V 控制电源、单相 UPS 电源和三相动力电源。

变桨系统主控制柜连接电池柜的有充电电源、加热器和充电电量传感器信号。

91°和 95°限位开关被接入轴向控制柜上。

电机编码器和齿环的冗余编码器信号被接入主控制柜。

电动变桨系统的数学模型分为桨距角位置模型与变桨速率模型，这两种数学模型都可以使用动态或者静态模型来建立。

最简单的数学模型是静态模型，使用输入与输出之间的传递函数来表示。对于桨距角位置模型，输入是由控制器产生的桨距角位置命令，输出是实际桨叶的桨距角；对于变桨速率模型，输入是由控制器产生的变桨速率命令，输出是实际桨叶运动的速率；传递函数可以是一阶或者二阶的，或者更高阶的传递函数，一般不会超过 3 阶，因为高阶次项对变桨控制的影响非常小。

一阶模型的函数可以表示为

$$\dot{y} = \frac{1}{T}(x - y) \tag{3-39}$$

式中，x 表示输入信号；y 表示输出信号。二阶模型为

$$\ddot{y} + 2\zeta\omega\dot{y} = \omega^2(x-y) \tag{3-40}$$

式中，ω 是带宽；ζ 是阻尼系数。

（四）变桨系统的主要参数确定（实例）

1. 变桨电动机

根据某 2MW 机组变桨系统载荷计算中的变桨驱动力矩方均根值、叶片根部极限载荷、叶片根部变桨驱动力矩持续时间分布等数据，计算得到的变桨电动机转矩参数见表 3-1

表 3-1　变桨电动机转矩参数

数 据 类 型	理论计算值	设计安全系数	设 计 值
最大转矩/N·m	125.47	1	125.47
额定转矩/N·m	42.74	1.1	46.97
制动转矩/N·m	85.26	1.25	106.58

其中安全系数的选择考虑如下因素：

1）根据载荷报告变桨驱动力矩极限载荷已考虑了安全系数 1.35，这里最大转矩安全系数可选为 1 左右，计算结果需满足额定转矩的 2.5~3 倍。

2）考虑安装时的公差等因素，额定转矩的安全系数可选择为 1.1。

3）考虑动摩擦系数为静摩擦系数的 0.9，根据工程经验，制动转矩的安全系数可选为 1.25。

（1）转速　设变桨系统最大变桨速率为 5°/s，变桨系统的总传动比为 1705。因此电动机的额定转速计算值为

$$n_{rat} = \left(5 \times 60 \times \frac{1705}{360}\right) r/min = 1420 r/min$$

（2）功率　基于变桨电动机的额定转矩和额定转速，计算得到电动机的额定功率为

$$P_{rat} = n_{rat} * \frac{T_{rat}}{9550} \approx 7 kW$$

根据变桨电动机参数计算结果，宜选择额定转矩大于 47N·m，额定转速大于 1420r/m，对应额定功率大于 7kW 的电动机。根据产品目录，ATECH 变桨电动机生产厂家有现成变桨电动机，其型号为 G1705500，7.5kW，主要参数见表 3-2。ATECH 变桨电动机特性曲线（工作制 S2/60min/70%）如图 3-34 所示。

表 3-2　ATECH 变桨电动机参数

主 要 参 数	变桨系统设计要求	ATECH 电动机参数
额定转速/(r/min)	>1420	1500
最高转速/(r/min)	3000	3000
额定转矩/N·m	>47	48.5
最大转矩/N·m	126（电动机运行时间不低于 15s）	160（运行 5min）
制动转矩/N·m	>107	125
额定功率/kW	>7	7.5

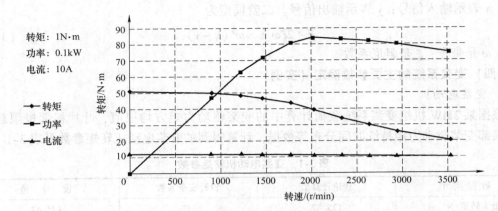

转速/(r/min)	转矩/N·m	功率/kW	电流/A
0	51.0	0.0	118.4
897	50.0	4.7	115.8
1221	49.1	6.3	114.6
1458	47.1	7.2	117.0
1773	43.7	8.1	110.5
2030	39.7	8.4	107.3
2328	34.3	8.4	102.1
2636	29.8	8.2	101.7
2942	26.0	8.0	102.3
3531	20.3	7.5	103.4

图 3-34　变桨电动机特性曲线

根据图 3-34 分析：变桨电动机在额定转速 1458r/m 时的转矩可达到 47.1N·m，功率为 7.2kW，符合变桨电动机载荷设计要求。

2. 变桨驱动器

（1）变桨驱动器的电气参数及 I/O 接口（型号 AC-2：400A/80V，如图 3-35 所示）

电气参数：

① 输入电源：90V。

② 最大输入电流：450A（3s）。

③ 环境温度范围：-30 ~ +50℃。

④ 保护等级：IP54。

信号输入：

① 9 路数字量 DI 输入。

② 2 路模拟量 AI 输入（超级电容中性点电压检测和超级电容总电压检测）。

③ 1 路温度信号 PT100 输入。

④ 1 路增量式编码器接口输入（TTL 和 HTL）。

⑤ 1 路 CAN 接口/串行连接。

信号输出：

图 3-35　AC-2 变桨驱动器

2 路数字量 DO 输出：1 路用于变桨电动机刹车 24VDC 电源控制；1 路用于预留。

（2）驱动器的负荷校核　驱动器的负荷包含两个方面：变桨电动机功耗、驱动器自身损耗。

1）变桨电动机功耗为变桨电动机负荷除以变桨电动机效率。折算后，变桨电动机短时（10s）最大功耗为 7.95kW，瞬时最大功耗为 18.20kW。

2）驱动器自身损耗。驱动器效率取 0.95，驱动器短时（10s）最大负荷为 7.95kW/0.95 = 8.37kW。潜在瞬时最大负荷为 18.20kW/0.95 = 19.16kW。

3）校核。驱动器型号及参数见表 3-3。

表 3-3　驱动器型号及参数

品　牌	ZAPI
型号	AC2 80/400
直流母线电压/V	90
额定输出电流/A	165
最大输出电流/A	400
连续输出功率/kW	20

驱动器电流的计算公式为

$$\sqrt{3}\,UI\cos\phi = P/\eta$$

式中，P 为电动机的负荷；功率因数 $\cos\phi$ 按 0.85 计，驱动电动机额定电压为 AC49V，计算可得出输出电流。

经计算，在短时（10s）最大负荷时，驱动器电流为 110A；在瞬时极限负荷情况下，驱动器电流为 252A。

把计算结果与表 3-3 数据对比可知，驱动器选择的型号符合短时（10s 以内）负荷及极限负荷要求。

3. 变桨后备电源

考虑 ATECH 变桨系统驱动器及变桨电动机本身的特性，采用蓄电池作为后备电源有如下几个问题：

① 变桨电动机起动时需要较大起动电流，一般蓄电池无法满足。

② ATECH 变桨驱动器设计为 3 柜系统，其柜内尺寸无法满足电池摆放要求。

（1）选择超级电容的规格

1）型号：BMOD0500 B02；超级电容单体为 2.5V、3000F。

2）每个超级电容模组规格为 16V、500F，模组具有被动均压和过温保护功能。

3）每个桨叶的变桨系统需配置超级电容模组的个数为 6 组。

4）超级电容模组总电压及容量为 90V、500/6F。

（2）超级电容容量校核　根据载荷仿真计算并考虑超级电容 10 年衰减效率，变桨顺桨一次能量约为 73kJ/0.85 = 86kJ。

超级电容能量从 90V 降到 48V 之前，电动机输出转速和转矩不会有任何降低；当电压继续下降直至 27V 时，电动机能保证额定转矩输出；当低于 27V 之后，驱动器停止工作，则超级电容有效能量为

$$E = 1/2\,CU^2 = 1/2 \times 500/6 \times (90^2 - 27^2)\,J = 307125J = 307.125kJ$$

结论：超级电容容量大于 2 次顺桨所需能量，满足顺桨要求。

第五节 塔架的特性与数学模型

1. 广义单自由度体系

一般的结构运动方程与反应分析方法，都假设被分析结构是单一集中质量结构，且这种质量结构被约束为只能沿着一个固定的方向运动，在这种体系下系统只有一个自由度；但是在现实中很难把实际系统划归成为单一自由度的模型，所以在实际应用时一般有两类扩展：

① 刚体的集合，其中刚体之间的约束方式等效为无重力弹簧元件的约束方式。② 体系拥有分布式柔性结构，其中整个部件的变形是按规律在整个结构中连续变化的。在这两种情况下，都假设只有单一形式的位移或者形变。

其中，刚体集合法限定单一位移是由结构构造的，这些刚体被支撑铰链所约束，因而仅能有一种位移形式，刚体集合的分析方法是用这种单一运动形式来计算广义弹性、阻尼与惯性力的。而对分布式柔性结构的分析较为复杂，对其单自由度形状的限制只是一种假设，因为实际上分布式柔性结构允许发生无限多种位移形式；当假设为单一形式位移时，就可以按单一自由度计算与该自由度相关的广义质量、阻尼与刚度。

2. 多自由度方程的建立

如果在结构上有不止一种可能的位移形式，仍然假定其位移形式单一，那么实际上这是将其复杂的位移在数学上进行了简化，这种计算仅仅是实际真实动力学的一种近似，其准确性难以保证。计算的精度受到载荷空间分布、结构刚度与质量分布等多种因素的影响，因此很难评估计算结果的有效性。

因此在实际的计算中应考虑体系的多个自由度，在多自由度体系的运动方程建立过程中，一般以简单的梁单元为例进行说明。这种建模方法既适用于其他结构模型，又简化了很多计算需要考虑的物理约束，因此较为容易理解。

假设整个结构的运动由梁上一系列任意选取的离散点的位移 $v_1(t)$、$v_2(t)$、$\cdots$、$v_i(t)$、$\cdots$、$v_N(t)$ 来确定，这些点最好选取在结构件物理特性较为明显的地方且所有点总的位移能够形成较为平滑的偏转曲线。选取点的自由度数目（位移分量的数目）需要根据使用者的需求去判定，总的来说，较多的点位可以带来更为真实的系统模型。但是在很多情况下，较小的自由度（2 个自由度或者 3 个自由度）也可以得到较好的结果。在图 3-36 中，每个点只选取了一个位移分量，但是理论上可以选取多个位移分量，如纵向位移与角位移等。

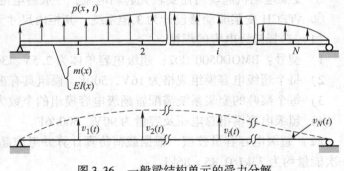

图 3-36 一般梁结构单元的受力分解

图 3-36 所示系统的运动方程可以用合外力与系统的自由度来表达；总的来说，每个结点受到 4 种不同力的作用：外力 $p_i(t)$，由运动产生的力即惯性力 f_{Ii}，阻尼力 f_{Di}，弹性力 f_{Si}。这样，系统中每个自由度都可以建立以下方程：

$$f_{I1} + f_{D1} + f_{S1} = p_1(t)$$
$$f_{I2} + f_{D2} + f_{S2} = p_2(t)$$
$$f_{I3} + f_{D3} + f_{S3} = p_3(t)$$

(3-41)

使用矢量形式表示，则有

$$\boldsymbol{f_I} + \boldsymbol{f_D} + \boldsymbol{f_S} = \boldsymbol{p}$$

(3-42)

这就是多自由度体系的运动方程。

每一种抗力都可以使用各个节点的位移乘以权重系数叠加得到，以节点 1 上的弹性力为例：

$$f_{S1} = k_{11}v_1 + k_{12}v_2 + \cdots k_{1N}v_N$$

(3-43)

同样的，节点 2 上的弹性力为

$$f_{S2} = k_{21}v_1 + k_{22}v_2 + \cdots k_{2N}v_N$$

(3-44)

节点 i 上的弹性力为

$$f_{Si} = k_{i1}v_1 + k_{i2}v_2 + \cdots k_{iN}v_N$$

(3-45)

这里已经假定系统中节点的结构行为是线性的，这样才能使用叠加原理。如果系统的结构行为是非线性的，那么相互之间的叠加就会变得极为复杂；在假设结构行为线性的情况下，可以得到

$$\begin{Bmatrix} f_{S1} \\ f_{S2} \\ \vdots \\ f_{Si} \\ \vdots \end{Bmatrix} = \begin{pmatrix} k_{11} & k_{12} & \cdots & k_{1i} & \cdots k_{1N} \\ k_{21} & k_{22} & \cdots & k_{2i} & \cdots k_{2N} \\ \vdots & \vdots & & \vdots & \vdots \\ k_{i1} & k_{i2} & \cdots & k_{ii} & \cdots k_{iN} \\ \vdots & \vdots & & \vdots & \vdots \end{pmatrix} \begin{Bmatrix} v_1 \\ v_2 \\ \vdots \\ v_i \\ \vdots \end{Bmatrix} = \boldsymbol{kv}$$

(3-46)

这里的系数矩阵 $\boldsymbol{k}$ 定义为刚度矩阵，物理意义是由位移引起的弹性力的比例系数。那么由系统的刚度矩阵与位移就可以得到系统的弹性力

$$\boldsymbol{f_S} = \boldsymbol{kv}$$

(3-47)

如果假设系统节点的阻尼力与位移无关，与各个节点的速度线性相关，那么系统的阻尼力同样可以表示成矩阵的形式：

$$\begin{Bmatrix} f_{D1} \\ f_{D2} \\ \vdots \\ f_{Di} \\ \vdots \end{Bmatrix} = \begin{pmatrix} c_{11} & c_{12} & \cdots & c_{1i} & \cdots c_{1N} \\ c_{21} & c_{22} & \cdots & c_{2i} & \cdots c_{2N} \\ \vdots & \vdots & & \vdots & \vdots \\ c_{i1} & c_{i2} & \cdots & c_{ii} & \cdots c_{iN} \\ \vdots & \vdots & & \vdots & \vdots \end{pmatrix} \begin{Bmatrix} \dot{v}_1 \\ \dot{v}_2 \\ \vdots \\ \dot{v}_i \\ \vdots \end{Bmatrix} = \boldsymbol{c\dot{v}}$$

(3-48)

这里的系数矩阵 $\boldsymbol{c}$ 定义为阻尼矩阵，物理意义是由速度引起的阻尼力的比例系数。那么由系统的阻尼矩阵与速度就可以得到系统的弹性力

$$\boldsymbol{f_D} = \boldsymbol{c\dot{v}}$$

(3-49)

惯性力的大小与系统节点的加速度成正比，这是由牛顿第二定律得到的；那么同样的可以得到系统惯性力

$$\begin{Bmatrix} f_{I1} \\ f_{I2} \\ \vdots \\ f_{Ii} \\ \vdots \end{Bmatrix} = \begin{pmatrix} m_{11} & m_{12} & \cdots & m_{1i} & \cdots m_{1N} \\ m_{21} & m_{22} & \cdots & m_{2i} & \cdots m_{2N} \\ \vdots & \vdots & & \vdots & \vdots \\ m_{i1} & m_{i2} & \cdots & m_{ii} & \cdots m_{iN} \\ \vdots & \vdots & & \vdots & \vdots \end{pmatrix} \begin{Bmatrix} \ddot{v}_1 \\ \ddot{v}_2 \\ \vdots \\ \ddot{v}_i \\ \vdots \end{Bmatrix} = \boldsymbol{m\ddot{v}}$$

(3-50)

这里的系数矩阵 **m** 定义为质量矩阵，物理意义是由加速度引起的惯性力的比例系数。那么由系统的质量矩阵与加速度就可以得到系统的惯性力

$$f_{\mathrm{I}} = m\ddot{v} \tag{3-51}$$

考虑 4 个力的平衡，可以得到动力学方程为

$$f_{\mathrm{I}} + f_{\mathrm{D}} + f_{\mathrm{S}} = p \Rightarrow m\ddot{v} + c\dot{v} + kv = p \tag{3-52}$$

这是多自由度体系的运动方程，其中矩阵的维度取决于：①系统选取的节点数目 N。②每个结点选择的自由度数目。

3. 塔架特性矩阵的计算

塔架近似为壳状对称模型，所以在建模时可以近似当成梁单元去考虑，但是由于不同高度处塔架的直径与壁厚都不相同，所以需要将塔架切割成有限数目的梁单元模型，如图 3-37 所示；这样将整个塔架的建模简化为单个有限单元的建模，在单独计算有限单元的特性之后进行合理的叠加即可得到整个塔架的动力学模型。

单元的两个结点位于两端，通过这两个结点可以把这类单元组合成整体结构，如果只考虑截面方向的形变，每个结点就有位移与角位移两个自由度，整个单元共有 4 个自由度。整个单元在受力时会形成一定的扰度（偏转）曲线，假设每个单元只受到两个结点处的剪切力与扭转力共计 4 个力；那么每个单元会有 4 个扰度曲线，假设相互之间没有干扰则可以进行线性叠加；图 3-38a 表示约束其他 3 个自由度位移，仅考虑单自由度位移的扰度曲线，图 3-38b 表示 a 端点垂直位移的扰度曲线，图 3-38c 表示 a 端点旋转位移的扰度曲线。

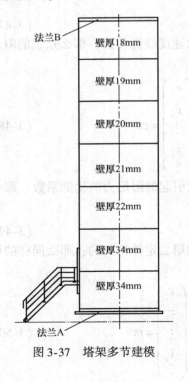

图 3-37　塔架多节建模

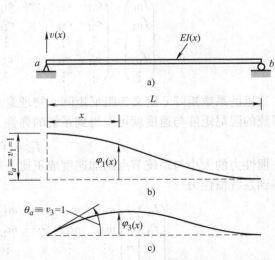

图 3-38　由左端节点单位位移引起的扰度曲线

这些扰度曲线是三次的 Hermitian 多项式，左端的形状函数为

$$\begin{cases} \varphi_1(x) = 1 - 3\left(\dfrac{x}{L}\right)^2 + 2\left(\dfrac{x}{L}\right)^3 \\ \varphi_3(x) = x\left(1 - \dfrac{x}{L}\right)^2 \end{cases}$$
(3-53)

右端的形状函数为

$$\begin{cases} \varphi_2(x) = 3\left(\dfrac{x}{L}\right)^2 - 2\left(\dfrac{x}{L}\right)^3 \\ \varphi_4(x) = \dfrac{x^2}{L}\left(\dfrac{x}{L} - 1\right) \end{cases}$$
(3-54)

根据这 4 个形状函数进行线性差值计算即可得到结点的位移函数

$$v(x) = \varphi_1(x)v_1 + \varphi_2(x)v_2 + \varphi_3(x)v_3 + \varphi_4(x)v_4$$
(3-55)

式中，各个变量的含义为

$$(v_1 \quad v_2 \quad v_3 \quad v_4)' = (v_a \quad v_b \quad \theta_a \quad \theta_b)'$$
(3-56)

任意结点的位移在端点产生的合力由虚位移原理可确定。如图 3-39 所示。

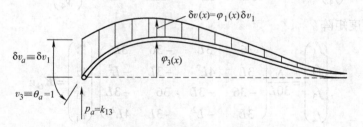

图 3-39 梁单元节点产生的转角与虚位移

在图 3-39 中，外力做功为

$$W_E = \delta v_a p_a = \delta v_1 k_{13}$$
(3-57)

式中，δv_1 为 a 端点位移；k_{13} 为待求刚度矩阵系数；W_E 为外力做功。

内力做功的计算较为复杂，是由内部每个点在曲线曲率上做的功积分得到的。

曲率为

$$\rho = \partial^2/\partial x^2 [\delta v(x)] = \varphi_1''(x)\delta v_1$$
(3-58)

内力矩为

$$M(x) = EI(x)\varphi_3''(x)$$
(3-59)

内力功为

$$\begin{aligned} W_I &= \int_0^L M(x)\rho\,\mathrm{d}x \\ &= \delta v_1 \int_0^L EI(x)\varphi_1''(x)\varphi_3''(x)\,\mathrm{d}x \end{aligned}$$
(3-60)

由于内力功与外力功相等，那么有

$$k_{13} = \int_0^L EI(x) \varphi_1''(x) \varphi_3''(x) \, \mathrm{d}x \tag{3-61}$$

任意刚度系数为

$$k_{ij} = \int_0^L EI(x) \varphi_i''(x) \varphi_j''(x) \, \mathrm{d}x \tag{3-62}$$

从刚度矩阵的表达式可知，刚度矩阵是对称的。

根据上面的形状函数，可以得到有限单元的刚度矩阵

$$\begin{Bmatrix} f_1 \\ f_2 \\ f_3 \\ f_4 \end{Bmatrix} = \frac{2EI}{L^3} \begin{pmatrix} 6 & 3L & -6 & 3L \\ 3L & 2L^2 & -3L & L^2 \\ -6 & -3L & 6 & -3L \\ 3L & L^2 & -3L & 2L^2 \end{pmatrix} \begin{Bmatrix} v_1 \\ v_2 \\ v_3 \\ v_4 \end{Bmatrix} = \boldsymbol{K}\boldsymbol{v} \tag{3-63}$$

使用相同的方法，可得到一致质量矩阵

$$\begin{Bmatrix} f_1 \\ f_2 \\ f_3 \\ f_4 \end{Bmatrix} = \frac{\overline{m}L}{420} \begin{pmatrix} 156 & 22L & 54 & -13L \\ 22L & 4L^2 & 13L & -3L^2 \\ 54 & 13L & 156 & -22L \\ -13L & -3L^2 & -22L & 4L^2 \end{pmatrix} \begin{Bmatrix} \ddot{v}_1 \\ \ddot{v}_2 \\ \ddot{v}_3 \\ \ddot{v}_4 \end{Bmatrix} = \boldsymbol{M}\ddot{\boldsymbol{v}} \tag{3-64}$$

一致几何刚度矩阵

$$\begin{Bmatrix} f_1 \\ f_2 \\ f_3 \\ f_4 \end{Bmatrix} = \frac{N}{30L} \begin{pmatrix} 36 & 3L & -36 & 3L \\ 3L & 4L^2 & -3L & -L^2 \\ -36 & -3L & 36 & -3L \\ 3L & -L^2 & -3L & 4L^2 \end{pmatrix} \begin{Bmatrix} v_1 \\ v_2 \\ v_3 \\ v_4 \end{Bmatrix} = \boldsymbol{K_G}\boldsymbol{v} \tag{3-65}$$

在求得单元的结构特性矩阵后，只要适当地叠加刚度系数就能得到整个结构的特性矩阵。由于单元结点是上下两个单元的连接点，分别受到上下两个单元的影响，结点的弹性力等于上下两个结点力的叠加，那么只需要将每个单元的特性矩阵转换到同一坐标系中，然后直接相加就可以得到特性矩阵。

由于单元间的耦合只在结点处，所以得到的刚度矩阵形式较为有规律，具体表现是只在对角的 4×4 上的元素非零，刚度矩阵的表达式如下：

$$\begin{bmatrix}
K_1(11) & K_1(12) & K_1(13) & K_1(14) & & \cdots \\
K_1(21) & K_1(22) & K_1(23) & K_1(24) & & \\
K_1(31) & K_1(32) & K_1(33)+K_2(11) & K_1(34)+K_2(12) & K_2(13) & K_2(14) \\
K_1(41) & K_1(42) & K_1(43)+K_2(21) & K_1(44)+K_2(22) & K_2(23) & K_2(24) \\
& & K_2(31) & K_2(32) & K_2(33)+K_3(11) & K_2(34)+K_3(12) & K_3(13) & K_3(14) \cdots \\
& & K_2(41) & K_2(42) & K_2(43)+K_3(21) & K_2(44)+K_3(22) & K_3(23) & K_3(24) \cdots \\
& & & & & \cdots\cdots \\
& & & & \cdots & K_{i-1}(31) & K_{i-1}(32) & K_{i-1}(33)+K_i(11) & K_{i-1}(34)+K_i(12) & K_i(13) & K_i(14) \\
& & & & \cdots & K_{i-1}(41) & K_{i-1}(42) & K_{i-1}(43)+K_i(21) & K_{i-1}(44)+K_i(22) & K_i(23) & K_i(24) \\
& & & & \cdots & & & K_i(31) & K_i(32) & K_i(33)+K_{i+1}(11) & K_i(34)+K_{i+1}(12) \\
& & & & \cdots & & & K_i(41) & K_i(42) & K_i(43)+K_{i+1}(21) & K_i(44)+K_{i+1}(22) \\
& & & & & \cdots\cdots
\end{bmatrix}$$

导入具体数据可以得到刚度矩阵的具体值，见表3-4。

表 3-4 刚度矩阵数值表

4250.062	317.6649	1471.175	-187.711	0	0	0	0	0	0	0
317.6649	30.61135	187.7111	-22.9585	0	0	0	0	0	0	0
1471.175	187.7111	8105.342	1041.568	1334.52	-803.183	0	0	0	0	0
-187.711	-22.9585	1041.568	648.4447	803.1833	-463.375	0	0	0	0	0
0	0	1334.52	803.1833	6936.707	-272.833	1066.648	-641.964	0	0	0
0	0	-803.183	-463.375	-272.833	1111.652	641.964	-370.364	0	0	0
0	0	0	0	1066.648	641.964	6138.665	-8.52827	1058.275	-636.925	0
0	0	0	0	-641.964	-370.364	-8.52827	983.7604	636.9246	-367.456	0
0	0	0	0	0	0	1058.275	636.9246	5714.373	-141.062	919.7775
0	0	0	0	0	0	-636.925	-367.456	-141.062	915.7649	553.5698

在得到系统的特性矩阵后，可以得到系统的弹性力、惯性力，这些力与外力相平衡，于是有

$$f_I + f_D + f_g = p \Rightarrow MA \cdot \ddot{v} + KA \cdot v - K_g A \cdot v = p \tag{3-66}$$

令：$K_s = KA - K_g A$，有

$$MA \cdot \ddot{v} + K_s \cdot v = p \tag{3-67}$$

将上式进行拉普拉斯变换：

$$(MA s^2 + K_s) v(s) = p(s) \tag{3-68}$$

当系数矩阵秩为 0 时，系统发生振荡，对应的频率为谐振频率，将此频率带入系数矩阵并使其矩阵秩为 0，得到特征方程为

$$\| MA \cdot s^2 + K_s \| = 0 \Rightarrow \| MA \cdot (j\omega)^2 + K_s \| = 0 \tag{3-69}$$

得出的频率是

$$\| K_s - MA \cdot \omega^2 \| = 0 \tag{3-70}$$

这些频率即塔架的振动频率。

练 习 题

1. 风力机的特性是如何表达的？
2. 功率系数是叶尖速比的函数，其关系式如何？
3. C_P-λ 曲线是桨距角的函数，其变化规律如何？
4. 在整个运行区域内，变速恒频风力发电机组的转矩-转速曲线是如何构成的，与定桨恒速风力发电机组有何不同？
5. 风力发电机组的不同结构部件在建模时分别使用了哪些具体的方法？
6. 为什么大多数的风力发电机组都是三片叶片的？
7. 桨距角变化对功率曲线的影响如何？
8. 转速变化对功率曲线的影响如何？
9. 功率系数主要和哪些变量有关，它们的关系是怎样的？
10. 柔性传动系统与刚性传动系统的主要区别是什么？
11. 塔架在建模时如何通过动力学方程得到系统的模态？
12. 变桨系统的工作原理是怎样的？

13. 风力发电机组的传动系统是如何构成的？
14. 变桨系统的数学模型是怎样的？
15. 变桨系统一阶模型与二阶模型的区别是什么？

参 考 文 献

[1] TONY BURTON, DAVID SHARPE, NICK JENKINS, et al. Wind Energy Handbook ［M］. New York：John Wiley & Sons Ltd, 2001.

[2] FERNANDO D BIANCHI, HERNÁN DE BATTISTA , RICARDO J MANTZ. Wind Turbine Control Systems Principles, Modelling and Gain Scheduling Design, ［M］. Berlin：Springer－Verlay, 2006.

[3] DMITRY SVECHKARENKO. Simulation and control of direct driven permanent Magnet Synchronous Generator ［M］. Stockholm：Royal Institute of Technology, 2005.

[4] RAYW CLOUGH. Dynamics Of Structures ［M］. New York：John Wiley & Sons Ltd, 2003.

第四章 风力发电机组控制策略

根据风力发电机组的特性，在低于额定风速时，需要对风力机进行变速运行控制，在运行中保持最佳叶尖速比以获得最大风能转换效率；在高于额定风速时，通过变桨距系统改变桨叶节距来限制风力机获取能量，保持功率输出稳定。风力发电机组的控制，除了对风力发电机组的能量输入和输出进行控制以外，还要通过控制技术降低风力发电机组的动态载荷。

第一节 风力发电机组的控制目标

作为发电设备，风力发电机组的基本评价指标为发电能力、平均无故障时间以及每千瓦·时电能的成本。因此，在研究机组控制策略时，既要考虑提高机组的能量转换效率，又要考虑降低的机组动态载荷，以提高机组的运行可靠性并降低制造成本。

风力发电机组在额定风速以下运行时，其主要控制目标是提高能量转换效率，这主要通过对发电机转矩进行控制，使风轮的转速能够跟踪风速的变化，保持在最佳叶尖速比上运行来实现。在额定风速之上时，变桨控制可以有效地调节风力发电机组所吸收的能量，同时控制风轮上的载荷，使之限定在安全设计值以内。由于风轮的转动惯量大，变桨控制对机组的影响通常需较长的时间才能表现出来，这很容易引起电功率波动。在此情况下，必须以发电机转矩控制来实现快速地调节，以变桨调节与变速调节的协同控制来保证高品质的能量输出。

风轮所受的空气动力学载荷主要分为两大部分：确定性载荷与随机性载荷。随机性载荷是由风湍流引起的，而确定性载荷则可分为以下 3 种：

1) 稳态载荷，由风轮轴向定常风作用而产生的载荷。

2) 周期载荷，即按一定周期重复的载荷。产生周期载荷的因素主要有叶片的重力、风剪切、塔影效应、偏航误差、主轴的上倾角及尾流速度分布等。对于三叶片风力发电机组而言，对结构影响最大的是频率为风轮旋转频率（1P）以及该频率 3 倍（3P）和该频率 6 倍（6P）的周期载荷。

3) 瞬态载荷，暂时性的载荷，如阵风和停机过程中所受的载荷。

准确的结构动力学分析是风力发电机组进行优化控制的关键。现代的大型风力发电机组由于叶片的长度和塔架的高度大大增加，结构趋于柔性，所以有利于减小极限载荷，但结构柔性增强后，叶片除了发生挥舞和颤振外，还可能发生扭转振动。当叶片挥舞、颤振和扭转振动相互耦合引起共振时，会出现气弹失稳现象，导致叶片损坏。另外，在变桨机构动作与风轮不均衡载荷的影响下，塔架会出现额外的前后方向和左右方向振动，如果该振动的激励源与塔架的自然频率产生共振就有导致机组倾覆的危险。

由于在实施控制过程中会对结构性负载及振动产生影响，这种影响严重时足以对机组产生破坏作用，所以在设计控制算法时必须考虑这些影响。一个较完整的风力发电机组控制系统除了能保证良好的发电能力和电能品质外，还应承担以下任务：

1) 减小传动链的转矩峰值。

2）通过动态阻尼来抑制传动链振动。

3）避免过量的变桨动作和发电机转矩调节。

4）通过控制风力发电机组塔架的振动尽量减小塔架基础的负载。

5）避免轮毂和叶片突变负载产生。

这些目标有些相互间存在冲突，因为各种载荷的大小不仅影响部件的成本，而且影响各部件的可靠性。所以在控制策略的设计过程中需要进行权衡，实现最优设计。

第二节　变速变桨风力发电机组的基本控制策略

一、风力机控制阶段分类

第三章已介绍了风力机特性，C_P-λ 曲线是桨距角的函数，现假定风力机保持桨距角不变，那么可以用一条曲线来描述它作为 λ 的函数的性能，并显示从风能中获取的最大功率。图 4-1 是一条典型的 C_P-λ 曲线。

由式(3-2) 可见，在风速给定的情况下，风轮获得的功率与功率系数 C_P 成正比，此时若能保证 $C_P = C_{P\max}$，则此时的功率将为该风速下的最大功率，即

$$P_{\mathrm{m}} = \frac{1}{2}\rho A C_{P\max}v^3 \qquad (4\text{-}1)$$

分析图 4-1 可知，为实现在任何风速下 $C_P = C_{P\max}$，只需风轮的叶尖速比 λ 始终为最优叶尖速比 λ_{opt}。因此，由式(4-1) 可知，当风速变化时，可以通过调节风轮转速，使叶尖速比 $\lambda = \lambda_{\mathrm{opt}}$，从而获得最佳的功率系数，最终得到相同风速下的最大功率。所以实现 $\lambda = \lambda_{\mathrm{opt}}$ 是变速恒频风力发电机组进行转速控制的基本目标。

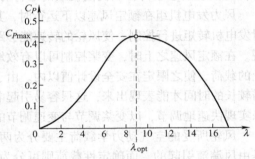

图 4-1　定桨距风力机的 C_P-λ 曲线

从理论上讲，输出功率与风速的三次方成正比，在风力机允许的风速范围内，输出功率可以无限增大。图 4-2 中的曲线 1 即为理想情况下功率的输出，但实际上，由于机械强度和其他物理性能的限制，输出功率是有限度的，超过这个限度，风力发电机组的某些部分便不能工作。因此功率输出曲线由曲线 1 变为曲线 2。

根据图 4-2 中的曲线 2，风力发电机组的控制可通过以下两个阶段来实现。

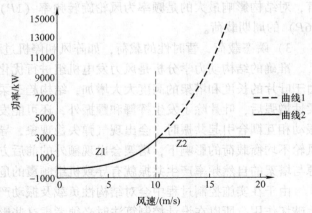

图 4-2　风速—功率关系图

1）Z1：在额定风速以下时，根据当前风速实时调整发电机转速，以保持最佳叶尖速比。

2）Z2：在高于额定风速时，通过变桨系统改变桨距角来限制风力机获取能量，使风力发电机组的输出功率维持在额定值。

以某叶片直径为77m的1.5MW机组为例，$\lambda_{opt} = 8.5$，切入风速为3m/s，额定风速为11.2m/s，由式(4-1)可以得到切入风速对应风轮转速为6.3r/min，额定风速对应风轮转速为23.58r/min，假设Z1阶段可以始终保持叶尖速比为最佳叶尖速比，则风轮转速与风速的关系如图4-3所示，BE段为Z1阶段风轮转速与风速的

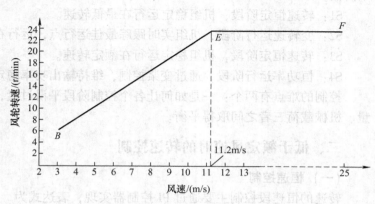

图4-3　风速—转速关系图

关系，EF段为Z2阶段风轮转速与风速的关系。该机组的齿轮箱速比为104，对应发电机可实现的转速范围为655~2455r/min，则风力发电机组可在额定风速以下实现全范围跟踪最佳C_P，但是事实并非如此，受共振、变流器、叶尖速比等条件限制，该机组发电机的可运行范围为1030~1800r/min，则图4-3进一步调整为图4-4。

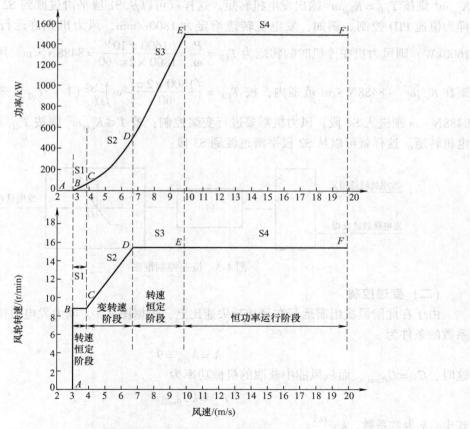

图4-4　风力发电机组控制阶段

综上所述，由于受到最大功率与转速限制，风力发电机组的稳态运行轨迹分为 S1～S4 4 个阶段，如图 4-4 所示。

S1：转速恒定阶段，机组稳定运行在最低转速。

S2：变转速运行阶段，机组实时跟踪最佳运行点，运行在 $C_{P\max}$ 上。

S3：转速恒定阶段，机组稳定运行在额定转速。

S4：恒功率运行阶段，通过变桨控制，维持输出功率稳定。

控制的难点有两个：一是如何让各个控制阶段平滑过渡，二是如何使发电质量、总发电量、机械载荷三者之间取得平衡。

二、低于额定风速时的转速控制

（一）恒速控制

转速的恒速段控制主要通过 PI 控制器实现，表达式为

$$\frac{K_q}{sT_q}(1 + sT_q) \tag{4-2}$$

恒速控制框图如图 4-5 所示。此时风力发电机的转矩在 $-1854\mathrm{N \cdot m} \sim K_{opt}\omega^2$ 范围内，按 $T_{BC} = \left(\omega - \dfrac{1030 \times 2\pi}{60}\right)\dfrac{K_{q1}}{sT_{q1}}(1 + sT_{q1})$ 来控制，若 $T < -1854\mathrm{N \cdot m}$ 则风力机停机，若 $T \geqslant K_{opt}\omega^2$ 则按 $T_{CD} = K_{opt}\omega^2$ 输出发电机转矩。这样就可以从 S1 段平滑过渡到 S2 段。S3 阶段同样为恒速 PID 控制。例如，发电机转速给定为 1800r/min，风力机允许运行的最大功率为 1600kW，则风力机在停机时的转矩为 $T_{停} = \dfrac{P}{\omega} = \dfrac{1600 \times 10^3}{1800 \times 2\pi/60} = 8488\mathrm{N \cdot m}$。风力发电机的转矩在 $K_{opt}\omega^2 \sim 8488\mathrm{N \cdot m}$ 范围内，按 $T_{DE} = \left(\dfrac{1800 \times 2\pi}{60} - \omega\right)\dfrac{K_{q2}}{sT_{q2}}(1 + sT_{q2})$ 来控制。若 $T > 8488\mathrm{N \cdot m}$ 则进入 S4 段，风力机需要进行变桨控制；若 $T \leqslant K_{opt}\omega^2$ 则按 $T_{CD} = K_{opt}\omega^2$ 输出发电机转矩。这样就可以从 S2 段平滑过渡到 S3 段。

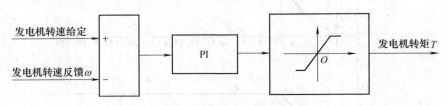

图 4-5　恒速控制框图

（二）变速控制

由于在此阶段机组需运行在最佳叶尖速比上，根据图 4-1，风力发电机组获得最佳功率系数的条件为

$$\lambda = \lambda_{opt} = 9 \tag{4-3}$$

这时，$C_P = C_{P\max}$，而从风能中获取的机械功率为

$$P_\mathrm{m} = kC_{P\max}v^3 \tag{4-4}$$

式中，k 为常系数，$k = \dfrac{\rho A}{2}$。

设 v_{Ts} 为同步转速下的叶尖线速度，即

$$v_{Ts} = 2\pi R n_s \tag{4-5}$$

式中，n_s 为在发电机同步转速下的风轮转速。则对于任何其他转速 n_r，有

$$\frac{v_T}{v_{Ts}} = \frac{n_r}{n_s} = 1 - s \tag{4-6}$$

根据式(4-1)、式(4-3)和式(4-6)，可以建立给定风速 v 与最佳转差率 s 的关系式（最佳转差率是指在该转差率下，发电机转速使得该风力发电机组运行在最佳的功率系数 $C_{P\max}$ 上）。

$$v = \frac{(1-s)v_{Ts}}{\lambda_{opt}} = \frac{(1-s)v_{Ts}}{9} \tag{4-7}$$

这样，对于给定风速的相应转差率可由式(4-6)来计算。但是由于风速测量存在不可靠性，因此很难建立转速与风速之间直接的对应关系。所以，需要尝试其他间接方法来保证风力发电机运行在最佳 C_P 曲线上。

用角速度代替风速，则可以导出功率是角速度的函数，仍然是三次方的关系，即最佳功率 P_{opt} 与角速度的三次方成正比，也即最佳控制转矩与角速度的二次方成正比。

$$\begin{cases} P_{opt} = \dfrac{\rho\pi R^5 C_{P\max}\omega_g^3}{2\lambda_{opt}^3 G^3} \\[3mm] T_{opt} = \dfrac{\rho\pi R^5 C_{P\max}\omega_g^2}{2\lambda_{opt}^3 G^3} = K_{opt}\omega_g^2 \end{cases} \tag{4-8}$$

式中，ω_g 为发电机角速度；R 为风轮半径；K_{opt} 为转矩的最佳控制系数。

利用式(4-8)实现变速段控制，即为最优控制。

（三）查表法控制与最优控制

变速控制阶段有查表法和最优控制两种实现方法。查表法是根据公式，推算出转速、转矩等参数，形成表格，利用查表法，控制风机运行。具体控制如下：

由第三章第一节得

$$\lambda = \frac{R\omega_r}{v} = \frac{v_T}{v} \tag{4-9}$$

$$P_{opt} = \frac{1}{2}\rho S C_{P\max}\left(\frac{R\omega_r}{\lambda_{opt}}\right)^3 \tag{4-10}$$

和发电机功率特性

$$P = \omega_g T \tag{4-11}$$

式中，ω_g 为发电机角速度（rad/s）；T 为发电机转矩（N·m）。

仍以上述 1.5MW 风电机组为例，风力机风轮半径 $R=38.5\text{m}$，齿轮箱速比 $G=104$，采用查表法得，风电机组以最佳 C_P 运行的范围为 1250～1650r/min，机组运行范围为 1200～1800r/min。结合式(4-9)、式(4-10)和式(4-11)可以得出表4-1所示的结果（空气密度取标准空气密度 1.225kg/m³）。

表 4-1 查表法计算表格

发电机转速/(r/min)	风轮转速/(r/min)	叶尖速度/(m/s)	风速/(m/s)	功率/W	发电机转矩/(N·m)
1200	11.54	46.52	—	—	0
1250	12.02	48.46	5.51	229586.15	1753.9
1340	12.88	51.95	5.90	282832.97	2015.6
1430	13.75	55.44	6.30	343735.00	2295.4
1520	14.62	58.93	6.70	412806.39	2593.4
1610	15.48	62.41	7.09	490561.29	2909.6
1650	15.87	63.96	7.27	528040.80	3056.0
1700	16.35	65.90	—	—	8460.34
1800	17.31	69.78	—	—	8460.34

对查表（table）法控制和最优（optimum）控制分别在功率曲线、发电机转速范围、最佳叶尖速比、功率系数曲线以及塔架推力方面进行仿真对比。

1. 功率曲线的比较

功率曲线的比较见图 4-6。

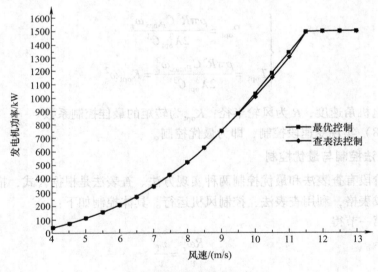

图 4-6 功率曲线的比较

由图 4-6 功率曲线的比较明显可知，最优控制的功率曲线比查表法控制要好。

2. 发电机转速范围的比较

发电机转速范围的比较见图 4-7。

由图 4-7 可知，最优控制可以提前达到额定转速。

3. 最佳叶尖速比的比较

最佳叶尖速比的比较见图 4-8。

由图 4-8 可知，最优控制保持在最佳叶尖速比 $\lambda = 8.8$ 的速度范围为 $6.5 \sim 9.5 \text{m/s}$，查表法控制保持在最佳叶尖速比 $\lambda = 8.8$ 的速度范围为 $7 \sim 9 \text{m/s}$。

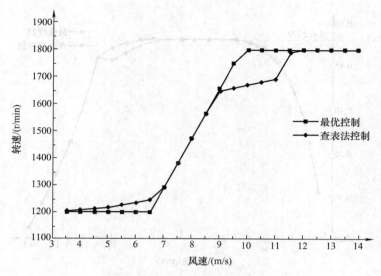

图 4-7　发电机转速范围的比较

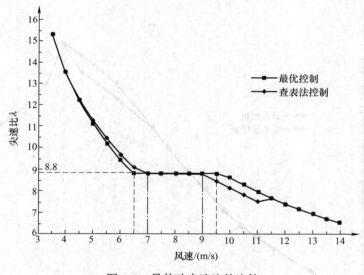

图 4-8　最佳叶尖速比的比较

4. 功率系数 C_P 的比较

C_P 的比较见图 4-9。

由图 4-9 明显看出，最优控制让风力发电机组停留在 $C_{P\max}$ 的区间要大于查表法控制。

5. 塔架推力的比较

塔架推力的比较见图 4-10。

由图 4-10 可以清楚地看出，塔架推力在风速为 11.5m/s 附近达到最大值，最优控制的上升速度比查表法控制要缓慢。如果风速在 11.5m/s 附近频繁变化的话，查表法比最优控制法的推力波动要大很多，因此更加容易引起塔架振动。

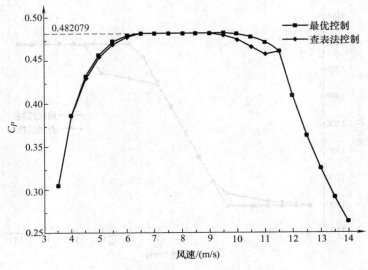

图 4-9 C_P 的比较

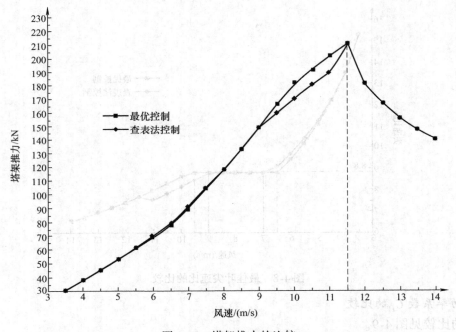

图 4-10 塔架推力的比较

三、高于额定风速时的变桨控制

变桨控制是风力发电机组的关键技术之一。风力发电机组在超过额定风速以后，由于机械强度和发电机、电力电子器件容量等物理性能的限制，必须限制风轮的能量捕获，使功率输出仍保持在额定值附近。这样也同时限制了叶片承受的负荷和整个风力发电机受到的冲击，从而保证了风力发电机安全运行。功率调节方式常用变桨距角调节方式。

用变桨距角调节的风力发电机能使风轮叶片的攻角随风速变化，变桨距角控制示意图如图4-11所示。当功率大于额定功率，风速增大时，桨距角向迎风面积减小的方向转动一个角度，相当于增大了桨距角β，减小了攻角α，从而限制了功率。

变桨控制简易算法框图见图4-12。控制算法的输入为桨距角、发电机转速，输出为桨距角的动作量，是一个相对值。实际的变桨控制算法要考虑多种控制策略，具体控制算法如图4-13所示。

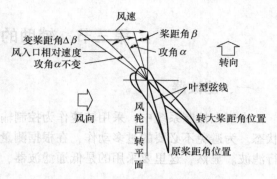

图4-11　变桨距角控制示意图

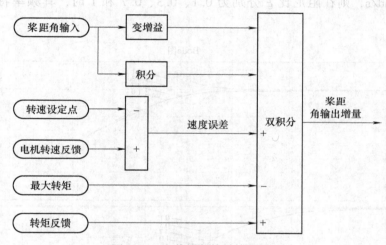

图4-12　变桨控制简易算法框图

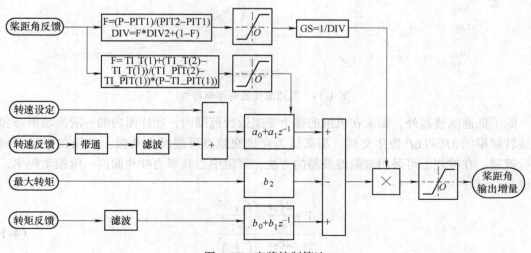

图4-13　变桨控制算法

第三节　辅助的控制方法与手段

一、滤波器

由于在控制系统中，采用转速作为控制输入量，而事实上，机组的转速处于随时波动的状态。为避免不必要的过多动作，在根据测量信号进行控制前，先要对测量到的转速信号进行滤波。显然，这里要采用的是低通滤波器，其基本形式为

$$\frac{1}{1+\dfrac{2\xi s}{\omega}+\left(\dfrac{s}{\omega}\right)^2} \tag{4-12}$$

设 $\omega = 10\text{rad/s}$，则在阻尼比 ξ 分别为 0.1、0.3、0.7 和 1 时，其频率特性如图 4-14 所示。

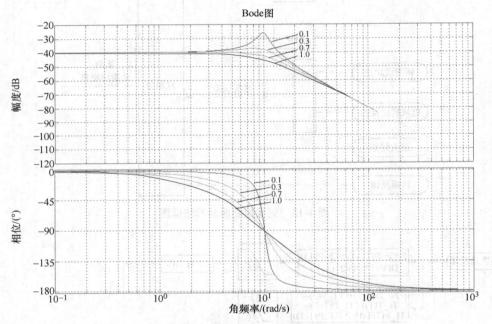

图 4-14　低通滤波器的频率特性

除了低通滤波器外，如果在机组的整个变速运行范围内，叶片面内的一阶振动模态和叶片旋转频率的 $3P$ 和 $6P$ 发生交越，那么认为在该交越点可能发生共振，必须在变桨控制中进行规避。在控制上可采用带阻滤波器的方法，带阻中心频率为叶片面内一阶振动频率，其构成为

$$\frac{1+\dfrac{2\xi_1 s}{\omega_1}+\left(\dfrac{s}{\omega_1}\right)^2}{1+\dfrac{2\xi_2 s}{\omega_2}+\left(\dfrac{s}{\omega_2}\right)^2} \tag{4-13}$$

设 $\omega_1 = \omega_2 = 4\text{rad/s}$，则在阻尼比 ξ_1 和 ξ_2 分别为 0 和 0.2 时，其频率特性如图 4-15 所示。

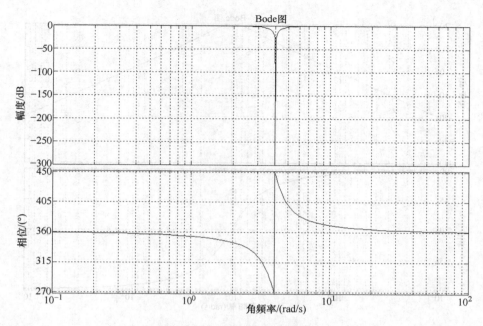

图 4-15　带阻滤波器的频率特性

二、传动链主动阻尼控制

在定桨恒速风力发电机组中，异步发电机可看作一个扭转阻尼器，阻转矩随着转速的增加而迅速增加。因此，传动系统的扭转振动存在很大的阻尼，一般不会引起什么问题。但对于变速恒频风力发电机组，特别是在恒转矩控制状态下，风轮、齿轮箱和发电机的阻尼都很小，因而叶片的平面内振动模态和电磁转矩脉动可能激发传动系统产生剧烈的扭转振动。

尽管可以人为地加入一些机械阻尼，例如，设计适当的弹性支撑或联接器，但会增加相应的成本。从控制技术方面，可以通过对发电机的转矩控制进行适当的修改来提供阻尼。即根据扭转振动频率在转矩给定值基础上增加一个转矩纹波，通过对纹波相位的调整来抵消谐振作用，从而产生阻尼效果。辅加纹波可根据测量的发电机转速信号通过带通滤波器产生，该滤波器设计为

$$K\frac{\dfrac{2\xi s}{\omega}}{1+\dfrac{2\xi s}{\omega}+\left(\dfrac{s}{\omega}\right)^2} \tag{4-14}$$

当 $\omega=10\text{rad}$、$\xi=0.5$、$K=10$ 时，带通滤波器的频率特性如图 4-16 所示。

带通滤波器的带通频段通常接近于叶片旋转的 $3P$ 或 $6P$ 频率，极易引起系统振荡。在这种情况下，可以在式（4-14）所示的带通滤波器上再叠加应对 $3P$ 或 $6P$ 频率的带阻滤波器。

这样，转矩控制器可以表示为如图 4-17 所示的形式。

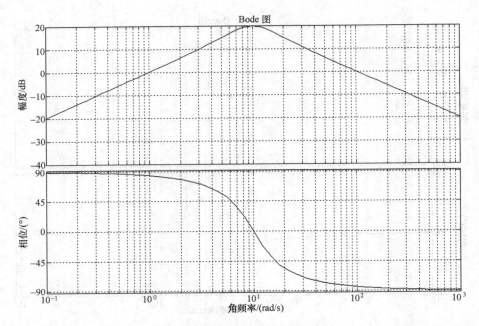

图 4-16 带通滤波器的频率特性

三、塔架主动阻尼控制

对于变速恒频风力发电机组，变桨控制对塔架振动和载荷的影响，是设计控制算法的主要限制因素。塔架的第一振动模态是弱阻尼振荡，对谐振具有很强的响应性，即使很小的激励，也可以使振动达到很强的程度。响应的强弱取决于阻尼的大小，这种阻尼主要是来自风轮的空气动力。变桨控制动作可以改变该模式下有效阻尼的大小。因此，在设计变桨控制器时，应避免进一步降低已经很小的阻尼，如果可能的话应使其增大。

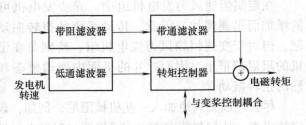

图 4-17 增加传动链阻尼后的转矩控制器

实现的方法依然是在图 4-17 中的带通滤波器上再加一个带阻滤波器，带阻滤波器的中心频率为塔架前后振动的一阶振动频率，用于限制叶片旋转频率、塔影效应和风剪切特性造成的叶片平面外振动激发的塔架共振。

第四节　控制策略的改进

风力发电机组控制性能的优劣主要表现在如何对突然来的阵风扰动有一个较好的响应。结合风力发电机组控制理论，风力发电机组控制策略有 8 种，见表 4-2。

表 4-2　风力发电机组控制策略

控 制 策 略	功 能 描 述
Stage　1	$T = K_{opt}\omega_g^2$ 控制
Stage　2	$T = K_{opt}\omega_g^2$ + 桨距角与转矩耦合控制
Stage　3	$T = K_{opt}\omega_g^2$ + 桨距角与转矩耦合控制 + "提前动作桨距角"控制
Stage　4	$T = K_{opt}\omega_g^2$ + 桨距角与转矩耦合控制 + "提前动作桨距角" + "削弱传动链振动"
Stage　5	$T = K_{opt}\omega_g^2$ + 桨距角与转矩耦合控制 + "提前动作桨距角" + "削弱传动链振动" + "桨距角非线性增益"
Stage　6	$T = K_{opt}\omega_g^2$ + 桨距角与转矩耦合控制 + "提前动作桨距角" + "削弱传动链振动" + "桨距角非线性增益" + "恒定输出功率目的"
Stage　7	$T = K_{opt}\omega_g^2$ + 桨距角与转矩耦合控制 + "提前动作桨距角" + "削弱传动链振动" + "桨距角非线性增益" + "恒定输出功率目的" + "降低变桨速率的频度，减小 $3P$、$6P$ 载荷"
Stage　8	$T = K_{opt}\omega_g^2$ + 桨距角与转矩耦合控制 + "提前动作桨距角" + "削弱传动链振动" + "桨距角非线性增益" + "恒定输出功率目的" + "降低变桨速率的频度，减小 $3P$、$6P$ 载荷" + "降低塔架前后振动"

现通过风力发电机的输出波形，分别对表 4-2 中的各种控制策略进行解释说明。

Stage 1：风力发电机组只是按照式 $T = K_{opt}\omega_g^2$ 给定发电机转矩进行控制，风轮的转速变化和桨距角变化如图 4-18 所示，这种控制策略导致系统发散振荡，不稳定。在此状态下，发电机的转矩和桨距角分别根据当前运行状态进行各自的调整，不考虑彼此之间的影响。

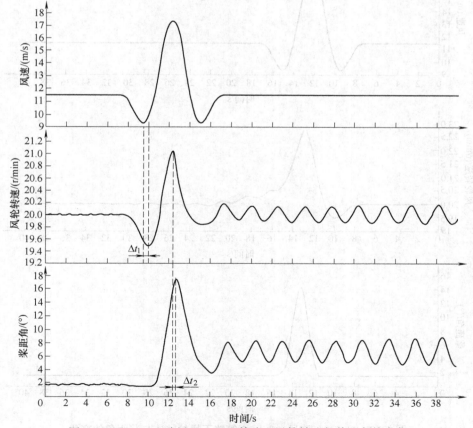

图 4-18　11.5m/s 阵风，Stage 1 策略下风轮转速与桨距角的变化

若按 Stage 1 的控制方式来控制风力发电机组，在阵风扰动下，风力发电机组必然会产生振动和飞车。原因是风力发电机组的风轮是一个非常大的惯性体，风轮转速的变化滞后于风速的变化。由图 4-18 可以看出，风轮转速的变化相对于风速的变化有一个滞后的时间 Δt_1，桨距角的变化相对于风轮转速的变化也有一个滞后的时间 Δt_2，从风速输入到风轮转速变化再通过调节桨距角输出，一共滞后了 $\Delta t_1 + \Delta t_2$。由控制理论可以知道，滞后环节不利于系统的稳定。

Stage 2：为了使风力发电机组稳定运行，应考虑使用桨距角和发电机转矩的耦合控制，以它们的互相协调来避免系统失稳。在此状态下，考虑到通过调节桨距角来调整风轮功率的作法在时间上远滞后于对发电机转矩的调节，那么我们可以在风轮转速波动时首先投入发电机转矩调节系统，当风轮转速偏离当前桨距角对应的稳态风轮转速较大时才进行变桨距操作。

如图 4-19 所示，风轮转速和桨距角不再出现振荡，系统在暂态风的扰动下可以恢复稳定。但我们也发现，风轮最高转速可达到 22.8r/min，大于风力发电机组控制系统设定的风轮报警上限值，说明这样的控制方式超调量过大，原因是变桨距操作的滞后时间过长，不能及时控制风轮巨大的惯性机械能量。

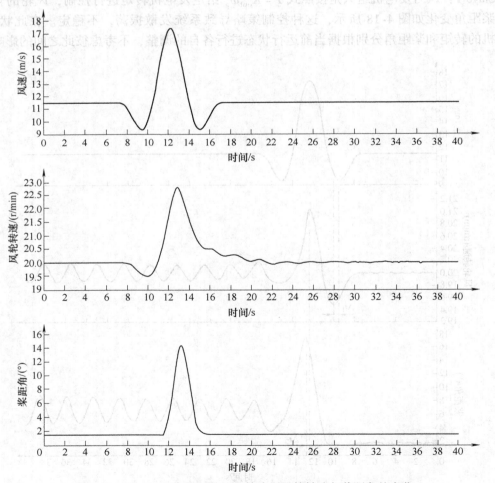

图 4-19 11.5m/s 阵风，Stage 2 策略下风轮转速与桨距角的变化

Stage 3：为避免系统超调，可以根据发电机功率和转速的变化来提前调整桨距角，如图 4-20 所示。

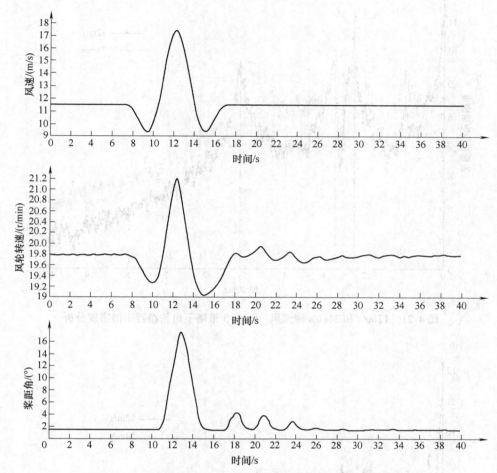

图 4-20 11.5m/s 阵风，Stage 3 策略下风轮转速与桨距角的变化

由图 4-20 可知，通过提前调整桨距角的办法确实可以减小超调量，风轮转速没有超过控制系统的上限值。但是调节的整个过程振荡比较大，而且调节时间也比较长。调整过程中的振荡较大，对风力发电机组的机械系统就有影响，振动有可能使机械部件超过极限载荷，日益累积，疲劳载荷也会因此而增加，最终使机械部件损坏。

Stage 4：在 Stage 3 的控制策略下，输入风速分别在 12m/s 和 24m/s 的 3D 湍流风的情况下，对齿轮箱承受的转矩进行谱密度分析，如图 4-21 所示。

由图 4-21 可以看出，一共有 4 个频率振动比较集中点，分别是 1Hz、2.29Hz、2.78Hz 和 5.13Hz，这些频率和传动链的机械特性有关，我们可以在转矩调整中采用一些滤波算法，调整传动链的动态阻尼，规避和削弱这些振动。模拟结果如图 4-22 所示。在 12m/s 的风速下，Stage 3 和 Stage 4 控制策略的比较如图 4-23 所示。

由图 4-23 可以看出，Stage 4 可以明显改善在上述 4 个频率点的振动密度，从而减轻了齿轮箱的疲劳载荷。但是通过模拟发现，Stage 4 的控制策略在 11m/s 阵风的情况下，风轮转速、桨距角响应与 Stage 3 的情况几乎一模一样，如图 4-24 所示。

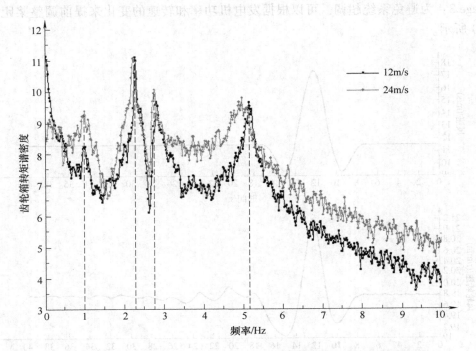

图 4-21　12m/s 和 24m/s 湍流风，Stage 3 策略下齿轮箱转矩谱密度分析

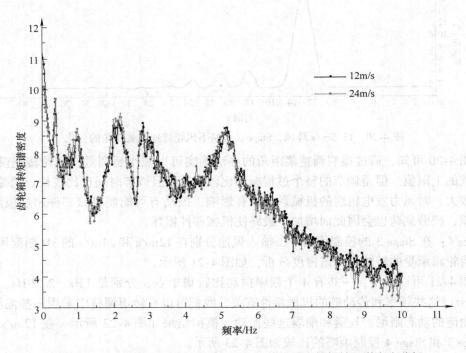

图 4-22　12m/s 和 24m/s 湍流风，Stage 4 策略下齿轮箱转矩谱密度分析

图 4-23 和图 4-24 比较了三种情况：第四幅图是 Stage 4 控制策略，这只是单纯使用由上至下小功率

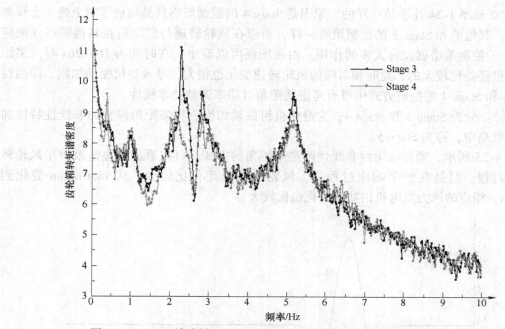

图 4-23　12m/s 湍流风，Stage 3 与 Stage 4 策略下齿轮箱转矩谱密度比较

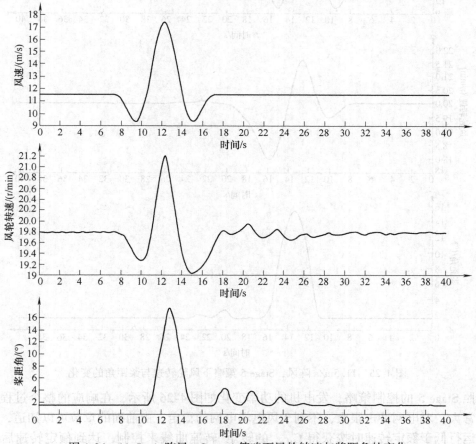

图 4-24　11.5m/s 阵风，Stage 4 策略下风轮转速与桨距角的变化

图 4-20 和图 4-24 几乎是一样的，原因是 Stage 4 的控制策略只是增加了对上述 4 个频率点的作用，其他的和 Stage 3 的控制策略一样，所以在风轮转速与桨距角在其他频率点响应时 Stage 4 的控制策略就没有太多的作用。由两图还可以看出，在时间为 16 ~ 26s 时，桨距角的调节量还是比较大的，此时相对应的风轮转速变化也很大，导致整机振动加剧。原因就是 Stage 3 和 Stage 4 的控制方式中没有考虑桨距角对功率调整的非线性。

Stage 5：分析 Stage 3 和 Stage 4，为避免机组振动加剧。将桨距角调整的非线性特性加入到控制策略中，称为 Stage 5。

如图 4-25 所示，通过变增益非线性调整桨距角的方式，可以看出明显地改善了风轮转速的响应过程。但是在整个响应过程中，风轮的转速变化比较大，从 18.0r/min 变化到 21.6r/min，相应的风力发电机组功率变化也比较大。

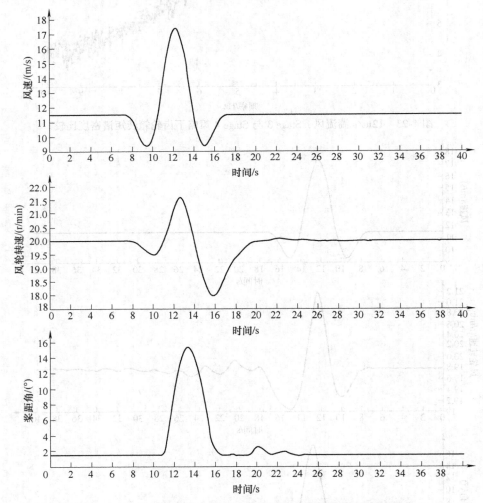

图 4-25　11.5m/s 阵风，Stage 5 策略下风轮转速与桨距角的变化

按照 Stage 5 的控制策略，发电机的功率变化如图 4-26 所示，在响应的整个过程中功率波动非常大，对电网冲击很大，不利于风电场电网的稳定。由前面的章节可以知道，风力发电机组运行低于额定转速时按获得 $C_{P\max}$ 的转矩-转速曲线来控制，达到额定转速后按恒定

功率输出的目的来控制。图 4-26 是在 11.5m/s 的风速下的阵风响应，在整个风速变化的过程中有一部分小于额定风速，故功率变化是可以理解的。图 4-27 是采用 24m/s 的 3D 湍流风模型来模拟 Stage 5 控制策略的结果。

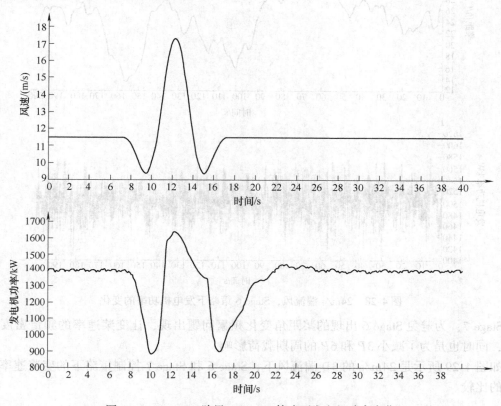

图 4-26 11.5m/s 阵风，Stage 5 策略下发电机功率变化

由图 4-27 可以看出，整机的功率波动非常大。原因是按转矩控制时，需要使转矩保持恒定，发电机功率波动就会比较大。

Stage 6：为了改善功率波动，按恒定功率输出的目的来进行控制，模拟结果如图 4-28 所示。

由图 4-28 可以看出，发电机功率的波动幅度变小了，可是变化的频率更快了，原因是此时的桨距角的变化非常频繁。

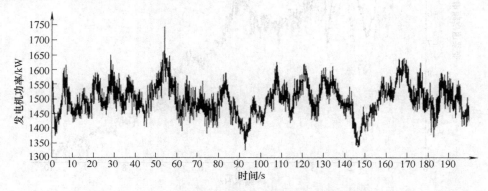

图 4-27 24m/s 湍流风，Stage 5 策略下发电机功率的变化

73

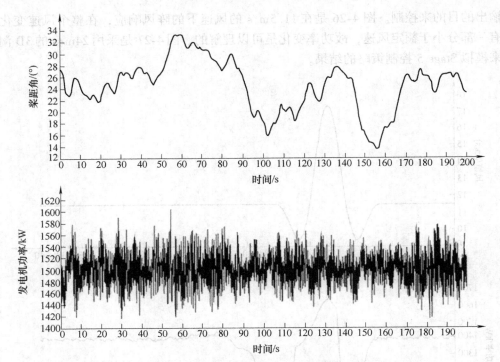

图 4-28　24m/s 湍流风，Stage 6 策略下发电机功率的变化

Stage 7：为避免 Stage 6 出现的桨距角变化频繁问题出现，让变桨速率的频谱密度有所改善，同时也是为了减小 3P 和 6P 的周期载荷影响。

如图 4-29 所示是 24m/s 的 3D 湍流风下，Stage 6 和 Stage 7 控制策略下的变桨速率频谱密度的比较。

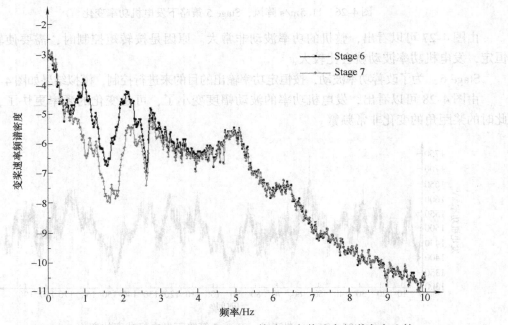

图 4-29　24m/s 湍流风，Stage6 和 Stage7 策略下变桨速率频谱密度比较

　　Stage8：由于变桨速率的频繁变化，造成塔架的振动频繁，为此，在 Stage7 的基础上，增加了以桨距角调整为手段来对塔架前后振动进行抑制的控制策略，来动态调整塔架振动阻尼。

　　在 Stage 7 控制策略下，观察塔架振动情况，机舱的 x 方向的位移变化情况如图 4-30 所示。采用 Stage 8 控制策略，增加了对塔架振动的控制，机舱的 x 方向的位移变化情况如图 4-31 所示。

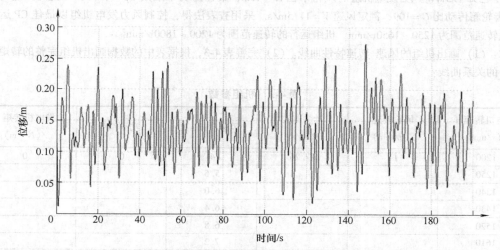

图 4-30　24m/s 湍流风，Stage7 策略下机舱的 x 方向的位移变化

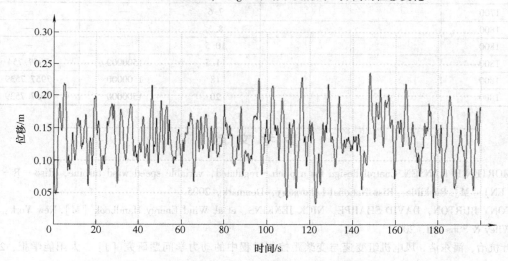

图 4-31　24m/s 湍流风，Stage8 策略下机舱的 x 方向的位移变化

练 习 题

1. 风轮所受的空气动力学载荷主要分为哪两大部分？
2. 确定性载荷可分为哪几种类型？
3. 写出变速变桨风力发电机组运行的四个阶段？
4. 一个理想的风力发电机组控制系统除了能实现基本控制目标外，还应尽可能实现哪些控制目标？
5. 在控制过程中如何实现最佳功率曲线的跟踪作用？
6. 在变速变桨控制器中加入滤波器的作用是什么？

7. 在转矩控制过程中如何对传动系统的扭振施加阻尼？

8. 塔架的一阶振动模态的特点是什么？变桨控制如何对塔架振动施加阻尼？

9. 什么是风力发电机组的查表法控制与最优控制？

10. 简述高于额定风速时的变桨控制。

11. 已知 1.5MW 风力发电机组的风轮半径 $R = 41\text{m}$，最佳的功率系数 $C_P = 0.47$，对应的尖速比 $\lambda = 8.8$，齿轮箱传动比 $G = 109$，额定风速 $V = 11.5\text{m/s}$。采用查表法得，控制风力发电机组以最佳 C_P 运行的发电机转速范围为 $1250 \sim 1650\text{r/min}$，机组运行的转速范围为 $1200 \sim 1800\text{r/min}$。

求：(1) 画出机组的风速-转速特性曲线。(2) 完善表4-3，根据表中的数据画出机组完整的转矩 T 与转速 n 的关系曲线？

表4-3 机组参数

发电机转速 n /(r/min)	风轮转速 /(r/min)	叶尖速度 /(m/s)	风速/(m/s)	功率/W	发电机转矩 T /(N·m)
1200	11	47.26	4	0	0
1250			5.6		
1340			6.0		
1430			6.4		
1520			6.8		
1610			7.2		
1650			7.4	612466.62	3544.6244
1700			7.6	—	—
1800			8.5	—	—
1800			10.5	—	—
1800			11.5	1500000	7957.754
1800			18	1500000	7957.7539
1800			20	1500000	7957.7539

参 考 文 献

[1] MORTEN H HANSEN. Control design for a pitch - regulated, variable speed wind turbine, Risø - R - 1500 (EN) [M]. Roskilde：Risø National Laboratory，Denmark，2005.

[2] TONY BURTON，DAVID SHARPE，NICK JENKINS，et al. Wind Energy Handbook [M]. New York：John Wiley & Sons Ltd，2001.

[3] 叶杭冶，潘东浩. 风电机组变速与变桨距控制过程中的动力学问题研究 [J]. 太阳能学报，2007，28(12)：1321 - 1328.

[4] FERNANDO D BIANCHI. Wind Turbine Control Systems，Principles，Modelling and Gain Scheduling Design [M]. Berlin：Springer，2007.

[5] 胡寿松. 自动控制原理 [M]. 4 版. 北京：科学出版社，2001.

[6] FABIEN LESCHER，ZHAO JING - YUN，PIERRE BORN. Switching LPV Controllers for a Variable Speed Pitch Regulated Wind Turbine [J]. International Journal of Computers，Communications & Control，2006，1(4)：73 - 84.

[7] JOHN J，D AZZO 等. 基于 MATLAB 的线性控制系统分析与设计 [M]. 张武，王玲芳，孙鹏，译. 北京：机械工业出版社，2008.

[8] 王建录，赵萍，林志民，等. 风能与风力发电技术 [M]. 3 版. 北京：化学工业出版社，2015.

第五章 控制器的设计及实现

第一节 控制系统的设计方法

一、风力发电机组的线性化模型

风力发电机组控制系统的设计和分析方法都涵盖在经典控制理论范围内，所面对的控制对象是一个多输入-多输出的非线性时变系统。为此，在进行控制系统设计前需要对风力发电机组动态模型进行线性化处理。

（一）线性系统和非线性系统

线性系统即可以用线性微分方程描述的系统。如果方程的系数为常数，则为线性定常系统；如果方程的系数是时间 t 的函数，则为线性时变系统。

线性是指系统满足叠加原理，即

可加性：
$$f(x_1 + x_2) = f(x_1) + f(x_2)$$

齐次性：
$$f(\alpha x) = \alpha f(x)$$

非线性系统即用非线性微分方程描述的系统。非线性系统不满足叠加原理。实际的系统通常都是非线性的，线性只在一定的工作范围内成立。为分析方便，通常在合理的条件下，将非线性系统简化为线性系统来处理。

线性系统微分方程的一般形式为

$$
\begin{aligned}
f(x) &= \frac{d^n}{dt^n} x_o(t) + a_1 \frac{d^{n-1}}{dt^{n-1}} x_o(t) + \cdots + a_{n-1} \frac{d}{dt} x_o(t) + a_n x_o(t) \\
&= b_0 \frac{d^m}{dt^m} x_i(t) + b_1 \frac{d^{m-1}}{dt^{m-1}} x_i(t) + \cdots + b_{m-1} \frac{d}{dt} x_i(t) + b_m x_i(t)
\end{aligned}
\tag{5-1}
$$

式中，a_1，a_2，$\cdots$，a_n 和 b_0，b_1，$\cdots$，b_m 为由系统结构决定的实常数，$m \leqslant n$。

（二）非线性模型的线性化

线性系统存在是有条件的，只在一定的工作范围内具有线性特性；非线性系统的分析和综合是非常复杂的。对于实际系统而言，在一定条件下，采用线性化模型近似代替非线性模型进行处理，能够满足实际需要。

对于一个非线性系统，可以用泰勒级数展开法进行线性化。

函数 $y = f(x)$ 在其平衡点 (x_0, y_0) 附近的泰勒级数展开式为

$$
y = f(x) = f(x_0) + \frac{df(x)}{dx}\bigg|_{x=x_0} (x - x_0) + \frac{1}{2!} \frac{df^2(x)}{dx^2}\bigg|_{x=x_0} (x - x_0)^2 + \frac{1}{3!} \frac{df^3(x)}{dx^3}\bigg|_{x=x_0} (x - x_0)^3 + \cdots
\tag{5-2}
$$

略去含有高于一次的增量 $\Delta x = x - x_0$，则

$$
y = f(x_0) + \frac{df(x)}{dx}\bigg|_{x=x_0} (x - x_0)
\tag{5-3}
$$

或

$$y - y_0 = \Delta y - K\Delta x \tag{5-4}$$

式中，$K = \dfrac{\mathrm{d}f(x)}{\mathrm{d}x}\bigg|_{x=x_0}$。

式(5-4)即为非线性系统的线性化模型，称为增量方程。$y_0 = f(x_0)$ 称为系统的静态方程。

对于多变量系统，如 $y = f(x_1, x_2)$，同样可以采用泰勒级数展开获得线性化的增量方程。

$$y = f(x_{10}, x_{20}) + \frac{\partial f}{\partial x_1}\bigg|_{\substack{x_1=x_{10}\\x_2=x_{20}}}(x_1 - x_{10}) + \frac{\partial f}{\partial x_2}\bigg|_{\substack{x_1=x_{10}\\x_2=x_{20}}}(x_2 - x_{20}) + \cdots \tag{5-5}$$

增量方程为

$$y - y_0 = \Delta y = K_1 \Delta x_1 + K_2 \Delta x_2 \tag{5-6}$$

静态方程为

$$y_0 = f(x_{10}, x_{20}) \tag{5-7}$$

式中，$K_1 = \dfrac{\partial f}{\partial x_1}\bigg|_{\substack{x_1=x_{10}\\x_2=x_{20}}}$；$K_2 = \dfrac{\partial f}{\partial x_2}\bigg|_{\substack{x_1=x_{10}\\x_2=x_{20}}}$。

对于风力发电机组这样的复杂多变量系统，机组本身的模型线性化是可以由建模工具软件（如 Bladed、FAST_AD、FLEX5）来完成的。

（三）连续系统的离散化

由于计算机实时控制过程中采样信号是离散的，如图 5-1 所示，设计控制系统时最终要将连续条件下设计的控制系统离散化。

采样可能发生在系统的一个或多个位置，在框图中采样操作可被表示为开关符号，如图 5-2 所示。

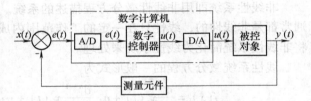

图 5-1 数字控制系统原理结构图

在图 5-2 中，带有星号的变换表示经过周期为 T 的序列脉冲的采样。该系统方程为

$$C(s) = G(s)E*(s) \tag{5-8}$$

$$E(s) = R(s) - B(s) = R(s) - G(s)H(s)E*(s) \tag{5-9}$$

式(5-9)的星变换为

$$E^*(s) = R^*(s) - GH^*(s)E^*(s) \tag{5-10}$$

将式(5-10)的结果代入式(5-8)，有

$$C(s) = \frac{G(s)R^*(s)}{1 + GH^*(s)} \tag{5-11}$$

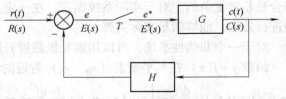

图 5-2 包含实际采样信号的采样数据控制系统框图

式(5-11)的星变换为

$$C^*(s) = \frac{G^*(s)R^*(s)}{1 + GH^*(s)} \tag{5-12}$$

于是，可将式(5-12)改写为离散形式，即

$$C(z) = \frac{G(z)R(z)}{1 + GH(z)} \tag{5-13}$$

除上述方法外，还可以采用双线性变换法实现 s 到 z 平面的变换，其原理为以 z 表示 s，产生 z 的函数，进而得到这种变换的线性近似，因

$$s = \frac{1}{T}\ln z \tag{5-14}$$

将自然对数 $\ln z$ 展开成级数为

$$\ln z = 2\left(x + \frac{1}{3}x^3 + \frac{1}{5}x^5 + \cdots\right) \tag{5-15}$$

式中，

$$x = \frac{1 - z^{-1}}{1 + z^{-1}} \tag{5-16}$$

仅使用式（5-15）的第一项，产生双线性变换，有

$$s \equiv \frac{2}{T} \cdot \frac{1 - z^{-1}}{1 + z^{-1}} = \frac{2}{T} \cdot \frac{z - 1}{z + 1} \tag{5-17}$$

s 的表达式能够插入到一个函数中，如 $G(s)$，它代表一个连续时间函数，将表达式有理化，就产生函数 $G(z)$，它代表一个离散函数。

二、经典控制设计方法

在得到风力发电机组的线性化模型后，就可以用经典控制理论来指导系统的设计。对额定风速以下的变速风力发电机组，根据转矩指令进行控制的 PI 转速控制器会非常缓慢和柔和，线性化的模型可以非常简单，但必须包含传动链的动态特性，而其他的动态特性通常并不重要。对于变桨控制，风轮的气动特性以及一些结构的动态特性是非常关键的，因此在设计变桨控制器的线性化模型时至少应该包含以下动态特性：

1）传动链的动态特性。
2）塔架的前后振动。
3）功率或转速传感器的响应。
4）变桨执行机构的响应。

一般来说，还需要对风轮的空气动力学特性进行线性化描述。例如，转矩和推力对于桨距角、风速和风轮转速的偏微分方程组。由于推力影响塔架动态特性，并且推力与变桨控制有强耦合作用，因此推力也是需要控制的变量。

图 5-3 是一个典型的风力发电机组线性化模型。对于这样一个线性化模型，可以通过改变它的增益和其他参数，迅速得到一系列的测试结果，从而评估控制器性能。有

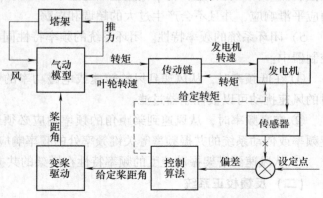

图 5-3　典型的风力发电机组线性化模型

些测试是开环测试，可以通过断开反馈环节获得。

变桨或变速控制功能的实现，采取的是反馈控制方式。在实现控制的过程中，又往往在局部添加串联校正以满足具体控制的时域和频域指标。

在进行控制系统设计时，设计方法一般依据性能指标的形式而定。如果系统的性能指标是以稳态误差、峰值时间、最大超调量和过渡过程时间等时域特征量给出，采用根轨迹法对系统进行综合与校正是比较方便的；如果系统的性能指标是以相角裕度、幅值裕度、谐振峰值、谐振频率、系统闭环带宽和静态误差系数等频域特征量给出，采用频率特性法对系统进行综合与校正是比较方便的。因为在伯德图上，把校正装置的相频特性和幅频特性分别与原系统的相频特性和幅频特性相叠加，就能清楚地显示出校正装置的作用。反之，将原系统的相频特性和幅频特性与期望的相频特性和幅频特性比较后，就可得到校正装置的相频特性和幅频特性，从而获得满足性能指标要求的校正网络有关参数。

风力发电机组的转矩控制器是以控制转矩来控制转速，而变桨控制器则是以控制桨距角来控制功率，由于控制对象的复杂性，在加入了各种滤波器后对其稳定性不可避免地产生新的影响，为维持系统稳定，必须在控制系统中加入一些控制校正环节，如反馈校正、超前校正和滞后校正。

（一）评价指标

控制系统中参数的选择通常是一个重复的过程，需要经过大量的试探和调整，在每次重复试验后需要对控制器性能进行估计。性能评估主要包括以下几方面的内容：

1）开环频率响应。通过开环频率响应计算增益和相角裕度，可以给出闭环系统的稳定性指标。如果相角裕度太小，系统会趋于不稳定。当开环系统达到单位增益时具有180°以上的相位滞后，则系统会变得不稳定，相角裕度给出了实际系统的开环增益在单位增益时的相角和180°之间的差值。尽管没有标准的规定，通常推荐45°的相角裕度。类似地，增益裕度表示当开环相角穿越-180°时的开环增益，通常推荐至少有几分贝的增益裕度。

2）穿越频率。开环增益为单位增益时的频率，是测量控制器响应的重要参数。

3）闭环系统的极点位置。它是调整各种谐振的阻尼依据。

4）闭环阶跃响应。通过系统对于风速的阶跃响应，显示控制器的效力。例如，调试变桨控制器时，风轮转速和功率偏差应当迅速平滑地变为零，塔架的振动应该很快衰减，桨距角应平滑响应，并且不会产生过大的超调和振荡。

5）闭环系统的频率特性。闭环系统的频率特性同样给出了一些重要的指标，如在变桨控制器中：

① 在低频率时，从风速到风轮转速或电磁功率的频率响应必须进行衰减，因为低频率时的风速扰动可以被控制器过滤。

② 在高频率时，从风速到桨距角的频率响应必须进行衰减，并且在一些类似于叶片穿越频率或传动系统的共振频率等关键频率处的频率响应不能过大。

③ 从风速到塔架振动速度的频率特性在塔架的共振频率处不会有过大的峰值。

（二）反馈校正系统

反馈校正系统的结构如图5-4所示，其开环传递函数为

$$G(s) = G_1(s) \frac{G_2(s)}{1 + G_2(s)G_c(s)} \quad (5\text{-}18)$$

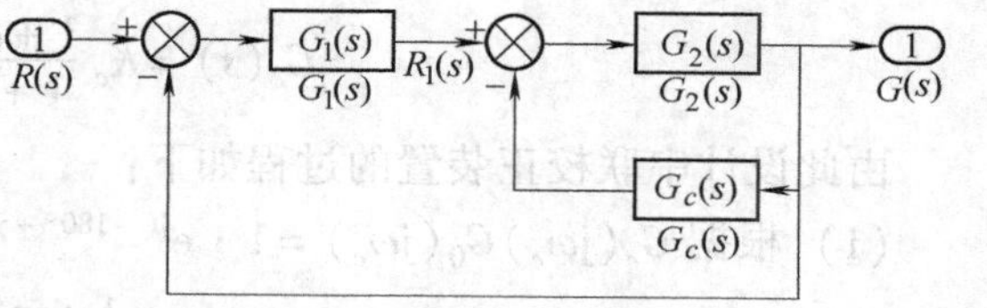

如果在系统动态性能起主要影响的频率范围内，下式成立：

$$|G_2(j\omega)G_c(j\omega)| \gg 1 \quad (5\text{-}19)$$

则式(5-18)可表示为

图 5-4　反馈校正系统的结构

$$G(s) \approx \frac{G_1(s)}{G_c(s)} \quad (5\text{-}20)$$

式(5-20)表明，反馈校正后，系统的特性几乎与被反馈校正装置包围的环节无关，而当

$$|G_2(j\omega)G_c(j\omega)| \ll 1 \quad (5\text{-}21)$$

时，式(5-18)变成

$$G(s) \approx G_1(s)G_2(s) \quad (5\text{-}22)$$

式(5-22)表明，此时已校正系统与待校正系统特性一致。因此，适当选取反馈校正装置 $G_c(s)$ 的参数可以使已校正系统的特性发生期望的变化。

反馈控制的基本原理：用反馈校正装置包围待校正系统中对动态性能改善有重大妨碍作用的某些环节，形成一个局部反馈回路，在局部反馈回路的开环幅值远大于1的条件下，局部反馈回路的特性主要取决于反馈校正装置，而与被反馈校正装置包围的部分无关。适当选择反馈校正装置的形式和参数，可以使校正系统的性能满足给定指标的要求。

在控制系统初步设计时，往往把条件式(5-19)简化为

$$|G_2(j\omega)G_c(j\omega)| > 1 \quad (5\text{-}23)$$

这样做的结果会产生一定的误差，特别是在 $|G_2(j\omega)G_c(j\omega)| = 1$ 的附近。可以证明，此时的最大误差不超过 3dB，在工程允许误差范围之内。

反馈控制具有以下明显特点：

1）削弱非线性特性的影响。

2）减小系统的时间常数。

3）降低系统对参数变化的敏感性。

4）抑制系统噪声。

应当指出，进行反馈控制设计时，需要注意内回路的稳定性。如果反馈校正参数选择不当，使得内回路失去稳定，则整个系统也难以稳定可靠地工作，且不利于对系统进行开环调试。因此，反馈校正后形成的内回路，最好是稳定的。

（三）串联校正系统

串联校正系统的结构如图 5-5 所示，根据传递函数 $G_c(s)$ 的变化，可以达到串联超前校正和串联滞后校正两种效果。

1. 串联超前校正

超前校正装置的主要作用是在特定频率处提供足够大的超前相角，以补偿原系统中过大的相角滞后。

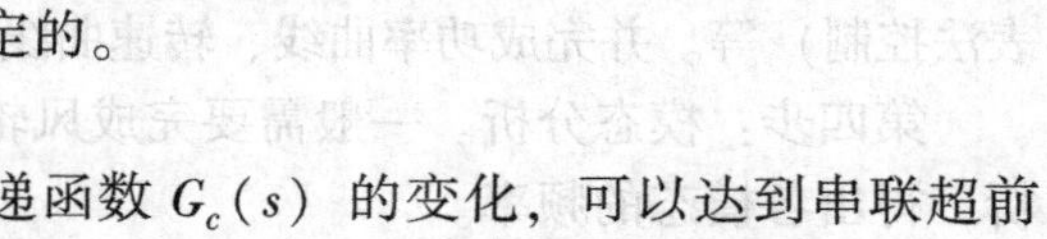

串联超前校正的基本形式为

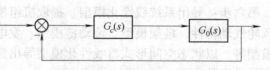

图 5-5　串联校正系统的结构

$$G_c(s) = K_c \frac{1 + aTs}{1 + Ts} \qquad (a > 1) \qquad (5\text{-}24)$$

由此设计串联校正装置的过程如下：

（1）根据 $G_c(j\omega_c) G_0(j\omega_c) = 1 \cdot e^{j(-180° + \gamma)}$，可得

$$G_c(j\omega_c) G_0(j\omega_c) = K_c \frac{1 + jaT\omega_c}{1 + jT\omega_c} M_1 e^{j\theta_1}, \ G_0(j\omega_c) = M_1 e^{j\theta_1} \qquad (5\text{-}25)$$

（2）利用式（5-25）分解为实部、虚部的特性，可以求出未知量 a 和 T 的值。

$$T = \frac{M_1 K_c + \cos(\gamma - \theta_1)}{\omega_c \sin(\gamma - \theta_1)}, \ aT = -\frac{M_1 K_c \cos(\gamma - \theta_1) + 1}{M_1 K_c \omega_c \sin(\gamma - \theta_1)} \qquad (5\text{-}26)$$

于是，在控制稳定性指标为相角裕度 γ 和幅值穿越频率 ω_c 的情况下，即可计算得出所期望的串联校正装置参数。

2. 串联滞后校正

串联滞后校正的主要作用是在不改变系统动态特性的前提下，提高系统的开环放大倍数，使系统的稳态误差减小，并保证一定的相对稳定性。

串联滞后校正的基本形式为

$$G_c(s) = K_c \frac{1 + aTs}{1 + Ts} \qquad (a < 1) \qquad (5\text{-}27)$$

可见其表达式与式（5-24）一致，因而也可以利用同样的设计方法，由控制目标决定选择串联滞后校正还是串联超前校正，以及校正装置的参数。

第二节　控制系统的设计过程

控制系统的设计可以按下面的步骤来进行：

第一步：控制对象分析。根据机组类型、目标应用环境和设计方面的限制因素，确定要设计的控制系统结构。

第二步：借助 Bladed 软件建立风力发电机组模型。风力发电机组模型包括桨叶、风轮、塔架、机舱、传动链、发电机、变流器、变桨系统（如果是变桨型风力发电机组）、传感器及电网等。

第三步：机组稳态特性分析。分析机组的空气动力学特性，根据机组功率特性确定机组基本控制参数，如最小桨距角、转矩控制最佳增益 K_{opt} 或转速-转矩控制表（如果转矩采用查表法控制）等。并完成功率曲线、转速曲线、转矩曲线、桨距角曲线、稳态载荷特性等分析。

第四步：模态分析。一般需要完成风轮面内前 5 阶、面外前 6 阶、塔架前 2 阶的模态分析，得出各模态的频率。

第五步：坎贝尔图分析。借助 Bladed 软件得出机组坎贝尔图，分析机组共振情况或者确定需要通过控制策略避免的共振频率区域。

第六步：导出系统线性化模型。提取机组模型的线性化特征，一个典型的线性化模型包括风轮气动特性、塔架模型、传动链模型、发电机模型、传感器响应、变桨系统模型及变流器模型等。以状态空间形式将线性化模型导出到控制系统的设计软件中，并进一步得到各控制环传递函数。

　　第七步：控制系统设计。根据线性化处理得到各控制环传递函数，按照经典控制理论、现代控制理论等控制器设计方法进行动态控制系统的设计，并输出包含控制算法的动态链接库文件（ * . dll）给 Bladed 软件作为外部控制器。

　　第八步：仿真研究。在 Bladed 软件中，在外部控制器作用下对风力发电机组模型进行运行仿真，根据载荷、振动、功率、转速及变桨速率等综合评估其运行性能，如不理想则重复第七步和第八步，直到满意为止。

　　第九步：现场测试。控制器设计完成后，可以将理想的动态链接库文件移植到实际的风力发电机组控制器上，在现场运行机组上进行测试。

一、工具软件的介绍

　　在风力发电机组控制系统的研发过程中，主要用到三个软件，分别是 Bladed4. 3、Matlab2012、Visual studio 2010。本节主要对 Bladed 软件作一些介绍，Matlab2012a 和 Visual studio 2010 可参考相应的软件手册和专业书籍。

　　Bladed4. 3 是英国 Garrad Hassan and Partners Limited 公司（www. garradhassan. com）开发的用于风力发电机组设计的专业软件，已通过 GL（德国劳埃德船级社）认证，软件的计算和仿真功能十分强大。

　　Bladed4. 3 包括的功能模块见表 5-1。

表 5-1　Bladed4. 3 的功能模块

模 块 名 称	功 能 描 述
基本模块	建立完整的、包括所有主要部件的风力发电机组空气动力学模型，也包括外部控制器和电网特性。能对各种环境条件下的风力发电机组进行模态分析、稳态和动态载荷分析、风力发电机组在各种运行状态和故障条件下的表现分析。提供功能强大的后处理模块。提供各种图表、数据表等报告形式
线性化模块	完成坎贝尔图计算和以状态空间形式导出风力发电机组线性化模型。线性化模型可以被提交给专门的软件（如 Matlab）做控制系统设计的对象
地震模块	对地震情况下风力发电机组所受载荷进行分析，充分考虑控制系统、安全系统的作用和风轮的空气动力学分析
控制器硬件测试模块	Bladed 生成虚拟风力发电机组模型，对外部控制器实物进行实时的测试，提供内部测试任务的管理和详细测试报告
高级处理模块	是为 IEC61400 新标准而开发的模块，提供机组在整个运行期内的载荷分析。对于离岸机组，可以把风和波浪的影响自动加入到载荷的计算过程。该模块使为适应新标准而所需要做的大量计算更为简便
高级传动链模块	接受用户自定义的、以 dll 形式来描述的齿轮箱模型加入风力发电机组的载荷计算。该模型可以是非线性时变的，也可以包含一些离散信息
离岸风力发电机组基础结构模块	为离岸机组所做的优化分析模块，根据不同水深、土壤条件等因素来做支撑结构的三维分析
风电场连接模块	与 GH 公司的"Windfarmer"软件一起来计算在特定风场中风力发电机组的疲劳载荷，该分析方法已获得 GL 认证

对于控制器的开发来说，主要功能模块为基本模块、线性化模块和控制器硬件测试模块。

下面简要介绍一下 Bladed 的基本情况，图5-6是 Bladed 菜单模块。

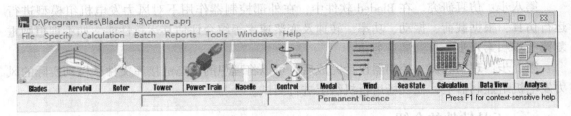

图5-6　Bladed 工具菜单

工具菜单从左到右的功能依次为：

1）Blades：叶片的整体特性，包括叶片的几何特性、重量和刚度特性等。

2）Aerofoil：风力发电机组叶片有关空气动力学方面的数据、翼型数据集。

3）Rotor：定义风力发电机组轮毂和风轮系统的基本参数。

4）Tower：定义有关塔架的详细参数、几何结构、安装类型，包括塔架的重量和刚度等。

5）Power Train：定义传动链上的有关参数，包括齿轮箱速比、安装方式、发电机、接入电网、能量传输损耗等。

6）Nacelle：定义机舱罩外部尺寸和机舱重量等。

7）Control：定义风力发电机的控制方式，包括定桨恒速控制、变桨变速控制、状态控制参数、外部控制器。

8）Modal：风力发电机组有关模态分析的设定，包括风轮旋转面内外、塔架左右前后的模态分析。

9）Wind：定义风模型、3D 湍流风模型。

10）Sea State：定义浪载和海流的特性，用以海上风力发电机组的载荷计算。

11）Calculation：设定需要计算和仿真的内容和需要得出的结果，包括稳态和动态性能。

12）Data View：计算结果的显示，有图表形式和标准化的计算结果报告。

13）Analyse：对计算结果进行后处理，包括快速傅里叶变换、频谱分析等。

菜单从左向右也是定义风力发电机组各项参数的过程。只有定义完成后，才可以计算该项有关数据。如图5-7所示的计算模块，现在已经定义了"Steady Power Curve"所有的数据，具体定义项如图5-8所示。此时位于右侧的指示灯为绿色，单击"Run Now"就可以计算"Steady Power Curve"。如果缺少量参数，指示灯将为黄色。如果有些模块未定义，指示灯将为红色。

二、建立风力发电系统模型

1）获取叶片的气动数据。气动数据为翼型在攻角 α 从 $-180° \sim 180°$ 的升力系数、阻力系数和转矩系数（C_L、C_D、C_M）。图5-9是一组 1.5MW 风力发电机组桨叶的气动数据生成的图形。

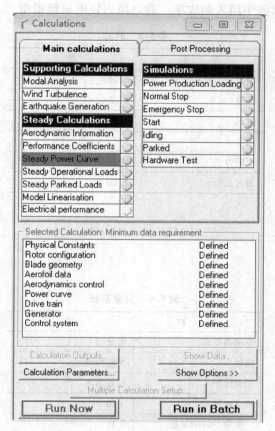

图 5-7 计算模块

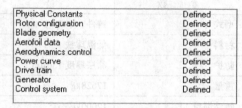

图 5-8 定义数据分项

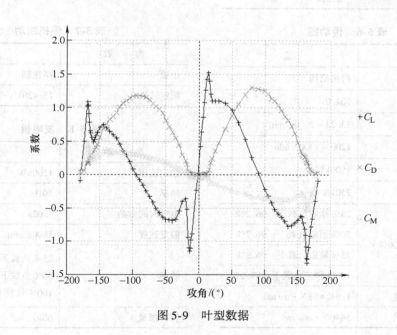

图 5-9 叶型数据

2）按照表 5-2～表 5-12，逐个在 Bladed 软件中填入相应项，建立风力发电机组模型。

表 5-2 风轮

参　　数	量
叶片数	3
直径	77m
轮毂高度	84m
运行速度	14.44～20.0r/min
旋转方向	顺时针
位置	上风向
功率调节方式	全桨变距
主轴倾角	5°
轮毂锥角	-2°
重量	32015.4kg

表 5-3 叶片

参　　数	量
模型	普通
长度	37.5m
材料	玻璃钢 GRP
扭角	11°
变距方式	全桨叶
最大弦长	2.8m

表 5-4 轮毂

参　　数	量
型式	铸件
材料	低温球铁
防护	涂层厚度 150μm
重量	17628kg
转动惯量	12000kg·m^2
直径	3.5m

表 5-5 变桨系统

参　　数	量
驱动器型式	电驱动
连接	齿轮传动
失效保护	后备电池
速率限制	±10°/s
一阶滞后时间常数	0.3s

表 5-6 传动链

参　　数	量
齿轮型式	行星结构
齿轮箱速比	104.0
输入速度	13.33～20.0r/min
输出速度	1200～1800r/min
功率	1500kW
转矩	750kN·m
效率（25%～100%）	25%额定负载下：96.2%
	50%额定负载下：96.7%
	75%额定负载下：96.9%
	100%额定负载下：97.0%
近似传动链刚度	1.6E+08N·m/rad
近似传动链阻尼	5440N·ms/rad

表 5-7 停机制动

参　　数	量
位置	高速轴
额定转矩	15～20kN·m

表 5-8 发电机

参　　数	量
额定输出	1500kW
频率	50Hz
电气时间常数	0.02s
额定速度	1800r/min
效率	25%负载下：95.0%
	50%负载下：96.8%
	100%负载下：97.0%
转动惯量	60kg·m^2

表 5-9　锥型塔架

参　　数	量
型式	锥形钢制
塔架高度	82m
材料	S355 J2G3
螺栓	M30 和 M36（10.9 级）DIN 6914
重量	122t
基础连接	两个 M39 螺栓

表 5-10　机舱罩

参　　数	量
宽	3.1m
长	9.8m
高	2.6m
阻力系数	1.2

表 5-11　性能

参　　数	量
切入风速	3.5m/s
切出风速	25m/s
额定风速	12m/s
额定功率	1500kW
IEC 分类	IIA

表 5-12　功率控制

参　　数	量
最小发电机速度	1200r/min
最大发电机速度	1890r/min
速度转换时间常数	0.04s
转矩控制	比例增益：400N·ms/rad 总增益：200N·m/rad
桨距控制	比例增益：0.02s 总增益：0.008s

三、系统线性化模型

在 Bladed 中建立系统的模型后，进行线性化设置得到系统线性化模型，如图 5-10 所示，然后进行计算。对线性化的计算结果进行后处理，设置如图 5-11 所示。

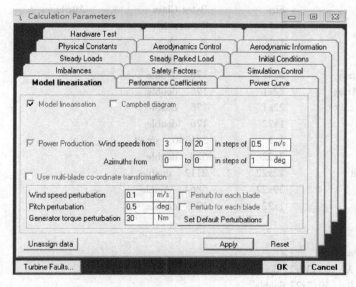

图 5-10　Bladed 线性化设置

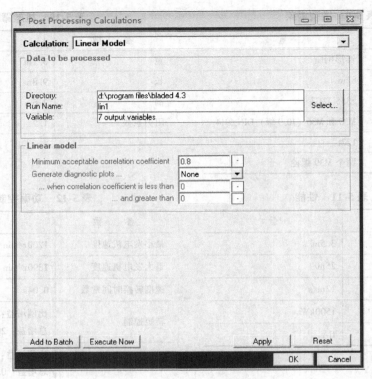

图 5-11　线性化结果的后处理

对线性化的计算结果进行后处理后，会自动生成文件 mod1. mat（默认状态），然后再把当前目录设置为 Matlab 的工作目录。在 Command Window 中输入：

```
>> load mod1 ↵
>> whos ↵
```

Name	Size	Bytes	Class	Attributes
Azimuths	1x1	8	double	
Gbx	1x1	8	double	
NBlades	1x1	8	double	
NomSpeedArray	22x1	176	double	
NomTorqueArray	22x1	176	double	
PitchAngles	22x1	176	double	
RotorSpeeds	1x22	176	double	
SYSTURB	1x1	381796	struct	
SteadyInput	3x22	528	double	
SteadyOutput	12x22	2112	double	
SteadyState	39x22	6864	double	
Windspeeds	1x22	176	double	

```
>> SYSTURB

SYSTURB =
        A：[39x39x22 double]
        B：[39x3x22 double]
        C：[12x39x22 double]
        D：[12x3x22 double]
```

inputname：［3x40 char］
outputname：［12x24 char］
statename：［39x40 char］

>> SYSTURB. inputname ⏎
ans =
Collective wind speed
Collective pitch angle demand
Generator torque demand

>> SYSTURB. outputname ⏎
ans =
Measured generator speed
Rotor speed
Generator speed
Gearbox torque
Electrical power
Generator torque
Blade 1 pitch angle
Blade 1 pitch rate
Nacelle x − deflection
Nacelle x − velocity
Nacelle x − acceleration
Measured power

>> SYSTURB. statename ⏎
ans =
Rotor out of plane modal displacement　1
Rotor out of plane modal displacement　2
Rotor out of plane modal displacement　3
Rotor out of plane modal displacement　4
Rotor out of plane modal displacement　5
Rotor out of plane modal displacement　6
Rotor in plane modal displacement　1
Rotor in plane modal displacement　2
Rotor in plane modal displacement　3
Rotor in plane modal displacement　4
Rotor in plane modal displacement　5
Rotor out of plane modal velocity　1
Rotor out of plane modal velocity　2
Rotor out of plane modal velocity　3
Rotor out of plane modal velocity　4
Rotor out of plane modal velocity　5
Rotor out of plane modal velocity　6
Rotor in plane modal velocity　1
Rotor in plane modal velocity　2
Rotor in plane modal velocity　3
Rotor in plane modal velocity　4

Rotor in plane modal velocity   5

Tower fore – aft modal displacement   1

Tower fore – aft modal displacement   2

Tower side – side modal displacement   1

Tower side – side modal displacement   2

Tower fore – aft modal velocity   1

Tower fore – aft modal velocity   2

Tower side – side modal velocity   1

Tower side – side modal velocity   2

Measured speed

Blade 1 pitch actuator position state 1

Blade 2 pitch actuator position state 1

Blade 3 pitch actuator position state 1

Rotor angular velocity change

Rotor angular displacement

Generator angular velocity change

Generator angular displacement

Generator electrical torque

SYSTURB 结构中的 A、B、C、D 矩阵是方程式（5-28）的系数矩阵。

$$\begin{cases} \dot{x} = Ax + Bu \\ y = Cx + Du \end{cases} \tag{5-28}$$

由现代控制理论可以知道，其系统功能图如图 5-12 所示。

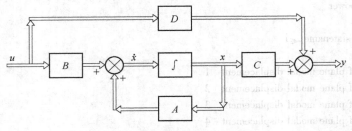

图 5-12   系统信号功能图

A、B、C、D 数组在 Matlab 中是三维数组，最后一维是风速 $4 \sim 25\text{m/s}$，22 个分量。系数矩阵如下：

$$A = \begin{pmatrix} \dfrac{\partial \dot{x}}{\partial x_1} & \dfrac{\partial \dot{x}}{\partial x_2} & \vdots & \dfrac{\partial \dot{x}}{\partial x_n} \\ \vdots & \vdots & & \vdots \\ \dfrac{\partial \dot{x}_n}{\partial x_1} & \dfrac{\partial \dot{x}_n}{\partial x_2} & \vdots & \dfrac{\partial \dot{x}_n}{\partial x_n} \end{pmatrix} \quad B = \begin{pmatrix} \dfrac{\partial \dot{x}}{\partial u_1} & \dfrac{\partial \dot{x}}{\partial u_2} & \vdots & \dfrac{\partial \dot{x}}{\partial u_m} \\ \vdots & \vdots & & \vdots \\ \dfrac{\partial \dot{x}_n}{\partial u_1} & \dfrac{\partial \dot{x}_n}{\partial u_2} & \vdots & \dfrac{\partial \dot{x}_n}{\partial u_m} \end{pmatrix}$$

$$C = \begin{pmatrix} \dfrac{\partial y_1}{\partial x_1} & \dfrac{\partial y_1}{\partial x_2} & \vdots & \dfrac{\partial y_1}{\partial x_n} \\ \vdots & \vdots & & \vdots \\ \dfrac{\partial y_p}{\partial x_1} & \dfrac{\partial y_p}{\partial x_2} & \vdots & \dfrac{\partial y_p}{\partial x_n} \end{pmatrix} \quad D = \begin{pmatrix} \dfrac{\partial y_1}{\partial u_1} & \dfrac{\partial y_1}{\partial u_2} & \vdots & \dfrac{\partial y_1}{\partial u_m} \\ \vdots & \vdots & & \vdots \\ \dfrac{\partial y_p}{\partial u_1} & \dfrac{\partial y_p}{\partial u_2} & \vdots & \dfrac{\partial y_p}{\partial u_m} \end{pmatrix}$$

第三节　外部控制器的设计

尽管 Bladed 提供完整的内置控制器，它包括正常发电也包括监控系统，但是在实际应用中不同的风力发电机组制造商使用的控制算法有很大不同。控制器的细节可能显著影响机组的载荷和性能，Bladed 允许用户使用任何期望的控制算法来设计控制器。

Bladed 允许用户自定义控制器进行以下任务：

1）叶片变桨和发电机转矩在整个运行范围内的控制，包括正常发电、正常和紧急停机、起动、空转和停机状态等。

2）轴制动和发电机接触器控制。

3）机舱偏航控制。

本节主要介绍正常发电状态下转矩控制和变桨控制的设计。

一、构建开环传递函数

第二节中介绍了利用 Bladed 软件得到系统的线性化模型，利用处理后的结果 mod1. mat 文件，可以编制如下 Matlab 函数，构建想要的开环传递函数。

```
function sys = GetOpenLoopPlant(G,iWind,InputName,OutputName)
% G——mod1. mat 文件中的结构名称
% iWind——风速
% InputName——开环传递函数的输入变量
% OutputName——开环传递函数的输出变量
if  iWind < 1 | iWind > 22,error('iWind is out of range'),end

sys = ss(G. A(:,:,iWind,1),G. B(:,:,iWind,1),G. C(:,:,iWind,1),G. D(:,:,iWind,1));
sys. inputname = G. inputname;
sys. outputname = G. outputname;
NInputs = size(sys. inputname,1);
NOutputs = size(sys. outputname,1);
iInput = 0;
for   i = 1:NInputs,if strcmpi(InputName,deblank(sys. inputname(i,:))) == 1,iInput = i; break,end,end,end
if   iInput == 0,   error(['Cannot find input named' InputName]),end
iOutput = 0;
for   i = 1:NOutputs,if strcmpi(OutputName,deblank(sys. outputname(i,:))) == 1,iOutput = i; break,end,end
if   iOutput == 0,   error(['Cannot find output named' OutputName]),end
[A,B,C,D] = ssdata(sys);
sys = ss(A,B(:,iInput),C(iOutput,:),D(iOutput,iInput));
sys = minreal(sys);
[Z,P,K] = zpkdata(sys,'v');
sys = zpk(Z,P,K);
sys. inputname = InputName;
sys. outputname = OutputName;
sys = minreal(sys,1e - 2);
```

例如，在 Matlab 的 Command Window 输入如下：

```
>> load mod1
>> GetOpenLoopPlant(SYSTURB,16,'generator torque demand','measured generator speed')
```

就可以看到如下结果（开环传递函数）：

Zero/pole/gain from input "generator torque demand" to output "measured generator speed":

$$-4.9939(s^2 + 0.03192s + 6.038)(s^2 + 0.1304s + 38.87)(s^2 + 4.919s + 51.51)(s^2 + 0.2828s + 573.4)(s^2 + 0.3446s + 844.5)$$

$$(s+25)(s+20)(s+0.25)(s^2 + 0.03324s + 6.258)(s^2 + 4.483s + 50.97)(s^2 + 0.1154s + 161.5)(s^2 + 0.2691s + 586.4)(s^2 + 0.3467s + 966.1)$$

其伯德图如图 5-13 所示。

```
>> bode(GetOpenLoopPlant(SYSTURB,16,'generator torque demand','measured generator speed'))
>> grid on
```

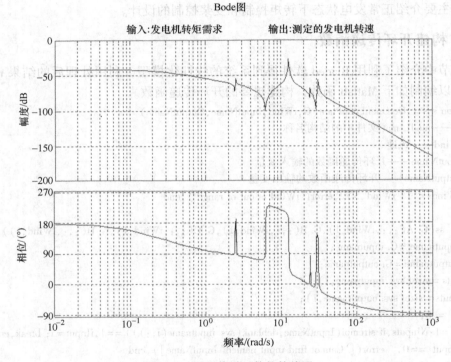

图 5-13   开环传递函数的伯德图

上述介绍了如何构造转矩环的开环函数，关于系统其他的输入/输出的传递函数，读者可以自己根据 GetOpenLoopPlant 函数来进行读取，这里不再细说。

二、不同零极点的比较

确定开环传递函数后，利用 Matlab2012 软件自带的 SISOTOOL，即单输入/单输出控制系统调整工具。在 Matlab 的 Command Window 中输入 sisotool，按回车键就会弹出 SISOTOOL 工具对话框，如图 5-14 所示。

将传动链阻尼控制环节载入 SISOTOOL 工具进行分析，如图 5-15 所示。

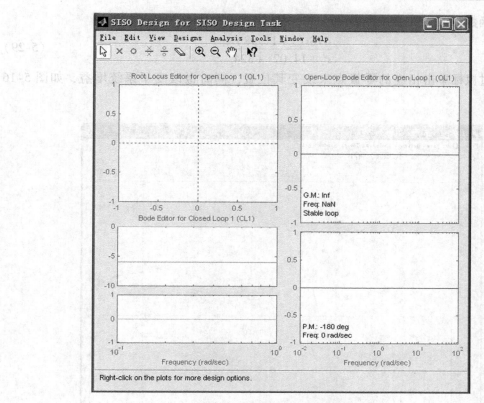

图 5-14　SISOTOOL 工具视图

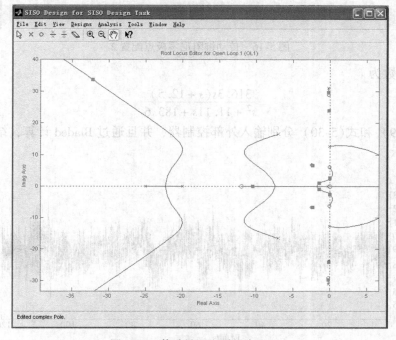

图 5-15　传动链阻尼零极点配置 1

其传递函数为

$$\frac{476s(s+11.98)}{s^2+14.02s+324} \tag{5-29}$$

可以通过鼠标单击相应的零极点来改变其位置，同时也改变了系统增益，如图 5-16 所示。

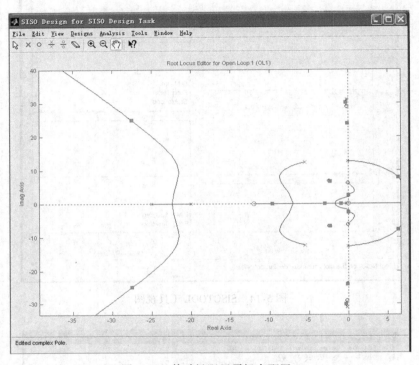

图 5-16　传动链阻尼零极点配置 2

其传递函数为

$$\frac{316.3s(s+12.5)}{s^2+11.11s+183.6} \tag{5-30}$$

把式(5-29) 和式(5-30) 分别输入外部控制器，并且通过 Bladed 计算，结果如图 5-17 和图 5-18 所示。

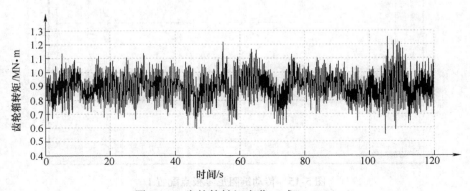

图 5-17　齿轮箱转矩变化（式(5-29)）

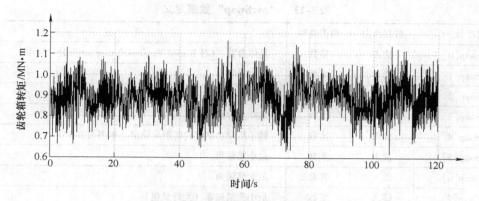

图 5-18　齿轮箱转矩变化（式(5-30)）

很明显，图 5-17 所示齿轮箱的转矩变化要平滑一些，所以，以上两种控制器的校正方案中，式(5-29)为优。利用不同的零极点比较，在满足一定裕度的情况下，可以得到任意控制器的控制参数。

第四节　外部控制器的实现

用户自定义控制器可用任何编程语言编写，既可以编译成 DOS 或者 Windows 可执行的程序，通过对共享文件读写进行数据交换；也可以编译成 32 位动态链接库程序。动态链接库更好应用，因为它的运行速度较快并且与 Bladed 的通信方式更可靠。本节的控制器是采用 Visual C++ 编写的 DLL 文件作为外部控制器来控制风力发电机组运行的。

一、Bladed 外部控制器的定义

动态链接库提供给控制器与 Bladed 之间的通信方式更快速、更可靠，它对于 Bladed 的接口也更易于编写。当模拟开始时，控制器程序复制到安装目录，然后更名为 discon. dll。当第一次访问 discon. dll 时，Bladed 目录成为当前目录。

控制器通过子线程或者过程方式编写。DLL 进程的出口名称必须是 DISCON（注意：名称必须大写），基于编写的语言，它可能需要通过别名的方式定义。进程不产生返回值，它有 5 个变量，如下所示（这里给出的名称是任意取的，仅作参考，唯一重要的是数据的顺序）：

"avrSwap" 4B 单精度实数数组的第一个记录的地址，该数组用于在模拟计算与控制器之间的数据交换。数组的内容见表 5-13。

"aviFail" 4B 整数（按参考值传递），参数设置如下：

0，则 DLL 调用成功。

>0，则 DLL 调用成功但 "MESSAGE" 中的内容为警告信息，模拟计算继续进行。

<0，则 DLL 调用不成功或者其他原因模拟计算在此时终止，此时 "MESSAGE" 中的内容为错误信息。

"accInfile" 1B 字符数组的第一个记录的地址，数组中存放参数文件的名称，当前为 DISCON. IN。该数组不应被 DLL 修改。名称中的字符数由 "DATA" 中的数据给出，见表 5-13。

表 5-13 "avrSwap"数据定义 *

数组序号 **	数据流向	数据类型	描 述
avrSwap[0]	读入	整数	具体参看《GH Bladed Version4.3 user manual》134 页
avrSwap[1]	读入	实数	当前时间
avrSwap[2]	读入	实数	通信时间步长
avrSwap[3]	读入	实数	桨叶 1 的桨距角
avrSwap[4]	读入	实数	低于额定功率时的桨距角设定（本书为 1.5°）
avrSwap[5]	读入	实数	最小桨距角
avrSwap[6]	读入	实数	最大桨距角
avrSwap[7]	读入	实数	最小变桨速率（允许负值）
avrSwap[8]	读入	实数	最大变桨速率
avrSwap[9]	读入	整数	0 = 变桨位置执行器，1 = 变桨速率执行器
avrSwap[10]	读入	实数	当前给定的桨距角
avrSwap[11]	读入	实数	当前给定的变桨速率
avrSwap[12]	读入	实数	给定功率
avrSwap[13]	读入	实数	测量得到的主轴功率
avrSwap[14]	读入	实数	测量得到的输出电功率
avrSwap[15]	读入	实数	最优模态增益
avrSwap[16]	读入	实数	最低发电机转速
avrSwap[17]	读入	实数	最优模态下的最大转速
avrSwap[18]	读入	实数	额定值以上给定的发电机转速
avrSwap[19]	读入	实数	测量得到的发电机转速
avrSwap[20]	读入	实数	测量得到的风轮转速
avrSwap[21]	读入	实数	给定的发电机转矩
avrSwap[22]	读入	实数	测量得到的发电机转矩
avrSwap[23]	读入	实数	测量得到的偏航误差
avrSwap[24]	读入	整数	额定值以下转矩-速度对照表的起始地址 = R
avrSwap[25]	读入	整数	转矩速度对照表数据数量 = N
avrSwap[26]	读入	实数	轮毂上测量出来的风速
avrSwap[27]	读入	整数	变桨控制：0 = 集体控制，1 = 独立控制
avrSwap[28]	读入	整数	偏航控制：0 = 偏航速率控制，1 = 偏航转矩控制
avrSwap[29]	读入	实数	叶片 1~3 根部挥舞弯矩
avrSwap[30]			
avrSwap[31]			
avrSwap[32]	读入	实数	桨叶 2 的桨距角
avrSwap[33]	读入	实数	桨叶 3 的桨距角
avrSwap[34]	Both	整数	发电机电流接触器
avrSwap[35]	Both	整数	主轴制动状态：0 = off，制动器未投入使用；1 = on，制动器投入使用

（续）

数组序号 **	数据流向	数据类型	描　　述
avrSwap[36]	读入	实数	机舱与正北方向的夹角
avrSwap[37]			
avrSwap[38]	输出		保留
avrSwap[39]			
avrSwap[40]	输出	实数	给定的偏航执行器转矩
avrSwap[41]	输出	实数	给定的桨叶1独立变桨位置或变桨速率
avrSwap[42]	输出	实数	给定的桨叶2独立变桨位置或变桨速率
avrSwap[43]	输出	实数	给定的桨叶3独立变桨位置或变桨速率
avrSwap[44]	输出	实数	给定的桨距角（协同变桨）
avrSwap[45]	输出	实数	给定的变桨速率（协同变桨）
avrSwap[46]	输出	实数	给定的发电机转矩
avrSwap[47]	输出	实数	给定的机舱偏航速率
avrSwap[48]	读入	整数	"avcMsg"中允许的最大字符数
avrSwap[49]	读入	整数	"accInfile"中的字符数
avrSwap[50]	读入	整数	"avcOutname"中的字符数
avrSwap[51]	读入	整数	DLL文件版本号
avrSwap[52]	读入	实数	顶部塔架的前后加速度
avrSwap[53]	读入	实数	顶部塔架的左右加速度
avrSwap[54]	输出	整数	桨距覆盖
avrSwap[55]	输出	整数	转矩覆盖
avrSwap[56]			
avrSwap[57]	输出		保留
avrSwap[58]			
avrSwap[59]	读入	实数	风轮方位角
avrSwap[60]	读入	整数	桨叶数
avrSwap[61]	读入	整数	返回值（用来记录的）的最大数目
avrSwap[62]	读入	整数	外部输出数据起始记录号
avrSwap[63]	读入	整数	"avcOutname"中返回的最大字符数
avrSwap[64]	输出	整数	返回用作记录的变量数目
avrSwap[65]			
avrSwap[66]	读入	实数	保留
avrSwap[67]			
avrSwap[68]			
avrSwap[69]	读入	实数	叶片1~3根部挥舞弯矩
avrSwap[70]			
avrSwap[71]	输出	实数	发电机起动电阻

（续）

数组序号 **	数据流向	数据类型	描 述
avrSwap[72]	读入	实数	旋转轮毂坐标系 M_y （GL co-ords）
avrSwap[73]	读入	实数	旋转轮毂坐标系 M_z （GL co-ords）
avrSwap[74]	读入	实数	固定轮毂坐标系 M_y （GL co-ords）
avrSwap[75]	读入	实数	固定轮毂坐标系 M_z （GL co-ords）
avrSwap[76]	读入	实数	偏航轴承坐标 M_y （GL co-ords）
avrSwap[77]	读入	实数	偏航轴承坐标 M_z （GL co-ords）
avrSwap[78]	输出	整数	载荷请求
avrSwap[79]	输出	整数	1 = avrSwap[80] 的变转差电流需求
avrSwap[80]	Both	实数	变转差电流需求
avrSwap[81]	读入	实数	机舱摇摆加速度
avrSwap[82]	读入	实数	机舱点头加速度
avrSwap[83]	读入	实数	机舱偏航加速度
avrSwap[84~88]			保留
avrSwap[89]	读入	实数	实时模拟时间步长
avrSwap[90]	读入	实数	实时模拟时间步长乘法器
avrSwap[91]	输出	实数	平均风速增量
avrSwap[92]	输出	实数	湍流强度增量
avrSwap[93]	输出	实数	风向增量
avrSwap[96]	读入	整数	已被激活的安全系统编号
avrSwap[97]	输出	整数	要激活的安全系统编号
avrSwap[98]	读入	整数	
avrSwap[99]	读入	整数	保留
avrSwap[100]	读入	实数	
avrSwap[101]	输出	整数	偏航控制标志
avrSwap[102]	输出	实数	若记录 101 = 1 或 3 时的偏航刚度
avrSwap[103]	输出	实数	若记录 101 = 1 或 3 时的偏航刚度
avrSwap[104]	读入	实数	保留
avrSwap[105]	读入	实数	
avrSwap[106]	输出	实数	制动转矩给定
avrSwap[107]	输出	实数	偏航制动转矩给定
avrSwap[108]	输出	实数	主轴转矩 （= 轮毂顺时针方向 M_x）
avrSwap[109]	输出	实数	禁止轮毂 F_x
avrSwap[110]	输出	实数	禁止轮毂 F_y
avrSwap[111]	输出	实数	禁止轮毂 F_z
avrSwap[112]	输出	实数	电网电压扰动因素
avrSwap[113]	输出	实数	电网频率扰动因素

（续）

数组序号 **	数据流向	数据类型	描 述
avrSwap[114]	输出	实数	保留
avrSwap[$R-1$]	读入	实数	对照表中的第一个发电机转速
avrSwap[R]	读入	实数	对照表中的第一个发电机转矩
avrSwap[$R+1$]	读入	实数	对照表中的第二个发电机转速
avrSwap[$R+2$]	读入	实数	对照表中的第二个发电机转矩
…			…
avrSwap[$R+2n-2$]	读入	实数	对照表中的最后一个发电机转速
avrSwap[$R+2n-1$]	读入	实数	对照表中的最后一个发电机转矩
M_0	输出	整数	消息长度,仅当记录49<0有效
M_1-M_n	输出	字符	消息文本,每个记录4B
L_1 onwards	输出	实数	用于外部输出数据的变量返回

注:* 表示此表为 Bladed4.3 版本,版本不同,表的内容有所不同。

　　** 表示 Visual C++的数据序号是以 0 开始,不是以 1 开始。

　　"avcOutname" 1B 字符数组的第一个记录的地址,该数组存放模拟计算名,名称以完整的路径开头,在该路径存放模拟计算结果。这可以和模拟计算结果一起写入永久记录。结果应存放在一个文件中,该文件名(包括路径)由"OUTNAME"中的字符加上".xxx"的扩展名组成,这里 xxx 为任何合适的扩展名,但不能以"%"开头。名称中的字符数量由表 5-13 给出。另外,DLL 可能送信息回 Bladed 并和其他模拟计算结果一样存储为输出结果。详见表 5-13。

　　"avcMsg" 1B 字符数组的第一个记录的地址,该数组存放 DLL 使用的发送给 Bladed 的文本信息,该信息显示在屏幕上并和其他 Bladed 生成的计算信息存放在一起。

　　下面是一个没有任何控制功能的 Visual C++编程例子。

```
#include < stdio. h >
#include < string. h >
#define NINT(a)((a) >= 0.0 ? (int)((a) +0.5) :(int)((a) -0.5))
extern "C"
{ void __declspec( dllexport) __cdecl DISCON(float * avrSwap, int * aviFail, char * accInfile, char * av-
        cOutname, char * avcMsg) ;}
// *** DLL 主程序开始 *** //
void __declspec( dllexport) __cdecl DISCON( float * avrSwap, int * aviFail, char * accInfile, char * avcOut-
        name, char * avcMsg)// *** 按顺序定义 5 个变量 *** //
{
        char Message[257], InFile[257], OutName[1025];
        float rTime, rMeasuredSpeed, rMeasuredPitch;
        int iStatus, iFirstLog;
        static float rPitchDemand;
        // *** 复制当前数据 *** //
        memcpy( InFile, accInfile, NINT( avrSwap[49])) ;
        InFile[ NINT( avrSwap[49]) +1] = '\0';
```

```
        memcpy( OutName, avcOutname, NINT( avrSwap[ 50 ] ) );
        OutName[ NINT( avrSwap[ 50 ] ) + 1 ] = '\0';
        // *** 消息清零 *** //
        memset( Message, '', 257 );
        // *** 设定常数 *** //
        SetParams( avrSwap );
        // *** 从 Bladed 中读取表 5-13 变量 *** //
        iStatus = NINT( avrSwap[ 0 ] );
        rTime = avrSwap[ 1 ];
        rMeasuredPitch = avrSwap[ 3 ];
        rMeasuredSpeed = avrSwap[ 19 ];
        // *** 读入外部控制器参数 *** //
        if( iStatus == 0 )
        {
            * aviFail = ReadData( InFile, Message );// *** 用户定义例程 *** //
            rPitchDemand = rMeasuredPitch;// *** 初始化 *** //
        }
        // *** 设定需要返回的变量值 *** //
        avrSwap[ 44 ] = rPitchDemand;
        // *** 用户定义的控制程序、控制算法 *** //
        if( iStatus >= 0 && * aviFail >= 0 )
            * aviFail = calcs( iStatus, rMeasuredSpeed, rMeasuredPitch, &rPitchDemand, OutName, Message );
        // *** 日志返回 *** //
        avrSwap[ 64 ] = 2;                          // *** 没有输出 *** //
        iFirstLog = NINT( avrSwap[ 62 ] ) - 1;      // *** 第一个输出地址 *** //
        strcpy( OutName, "Speed:A/T;Pitch:A" );     // *** 名称和单位 *** //
            avrSwap[ iFirstLog ] = rMeasuredSpeed;  // *** 第一个数值 *** //
        avrSwap[ iFirstLog + 1 ] = rMeasuredPitch;  // *** 第二个数值 *** //
        // *** 返回字符串 *** //
        memcpy( avcOutname, OutName, NINT( avrSwap[ 63 ] ) );
        memcpy( avcMsg, Message, MIN( 256, NINT( avrSwap[ 48 ] ) ) );
        return;
}
```

下面是一段在额定风速以下的纯转矩控制即第五章第二节中的 S1 段控制程序。

```
// *** 定义 PID 结构 *** //
    struct Struct_PID
    {
        float Ratio_sp;
        float I_temp;          // *** 输入缓存 *** //
        float E_b;
        float Error;
        float E_l;
        float Kp;
        float Ti;
        float Output_Max;      // *** 转矩最大限制 *** //
        float Output_Min;      // *** 转矩最小限制 *** //
        float O_p;
```

```
        float O_p_last;
        float Rslt;
        float E_out;
            };
```

// *** PID 的运算函数 *** //

```
    float PID_Calculation( struct Struct_PID * sp)
    {
        float Upper;
        float U_input;
        sp -> Error = sp -> I_temp - sp -> Ratio_sp;
        Upper = sp -> Kp * ( sp -> Error - sp -> E_l );
        U_input = sp -> Ti * ( sp -> Error );
        sp -> E_out = ( Upper + U_input );
        sp -> O_p = sp -> O_p_last + sp -> E_out;
            if( sp -> O_p > sp -> Output_Max )
                sp -> Rslt = sp -> Output_Max;
            else if( sp -> O_p < sp -> Output_Min )
                    sp -> Rslt = sp -> Output_Min;
                else
                    sp -> Rslt = sp -> O_p;
        sp -> O_p_last = sp -> Rslt;
        sp -> E_l = sp -> Error;
        return( sp -> Rslt );
    }
```

在 Visual C + + 的 DLL 主例程中增加如下内容:

```
    struct Struct_PID  * t_sp;
    // *** 根据表 5 - 13 读入参数 *** //
    iStatus = NINT( avrSwap[ 0 ] );
    rTime = avrSwap[ 1 ];
    rMeasuredSpeed = avrSwap[ 19 ];
    rMinSpeed = avrSwap[ 16 ];
    rMaxSpeed = avrSwap[ 17 ];
    rOptimalGain = avrSwap[ 15 ];
    rRatedTorque = avrSwap[ 21 ];

    t_sp -> Kp = 220;                    // *** 设计过程中可以做修改的 *** //
    t_sp -> Ti = 10;                     // *** 设计过程中可以做修改的 *** //
    t_sp -> I_temp = rMeasuredSpeed;

    if( iStatus == 0 )
    {
        t_sp -> Error = 0;
        if( rMeasuredSpeed < ( ( rMinSpeed + rMaxSpeed) * 0. 5 ) )
            t_sp -> E_l = rMeasuredSpeed - rMinSpeed;
        else
```

```
            t_sp -> E_l = rMeasuredSpeed − rMaxSpeed;


        t_sp -> O_p_last = avrSwap[ 22 ];
        avrSwap[ 39 ] = t_sp -> O_p_last;
        avrSwap[ 38 ] = t_sp -> E_l;
    }


    if( iStatus >= 0 && * aviFail >= 0 )
    {
        t_sp -> O_p_last = avrSwap[ 39 ];
        t_sp -> E_l = avrSwap[ 38 ];
        avrSwap[ 44 ] = 0;
        if( rMeasuredSpeed < ( ( rMinSpeed + rMaxSpeed ) * 0.5 ) )
        {
            t_sp -> rSetpoint = rMinSpeed;
            t_sp -> Output_Min = 0;
            t_sp -> Output_Max = rOptimalGain * rMeasuredSpeed * rMeasuredSpeed;
        }
        else
        {
            t_sp -> rSetpoint = rMaxSpeed;
            t_sp -> Output_Min = rOptimalGain * rMeasuredSpeed * rMeasuredSpeed;

            t_sp -> Output_Max = rRatedTorque * rMaxSpeed/rMeasuredSpeed;
        }
        PID_Calculation( t_sp );
        avrSwap[ 46 ] = t_sp -> Rslt;
        avrSwap[ 38 ] = t_sp -> E_l;
        avrSwap[ 39 ] = t_sp -> O_p_last;
    }
```

二、外部控制器暂态响应计算

用 Visual C++ 编写完控制器算法后，将其编译成 dll 文件（名称为 discon. dll），Bladed 读入 dll 文件，如图 5-19 所示。控制器的性能优劣要看系统的稳态和暂态响应。Bladed 软件的稳态计算，不需要用外部控制器，即外部控制器的 Bladed 稳态模拟计算结果和 Bladed 自带的控制器的计算结果是相同的；不同的是系统的暂态响应过程，风力发电机组控制器性能的优劣主要表现在如何对突然来的阵风扰动有一个较好的响应。

按 IEC61400 − 1（2005 版）标准的公式，在风速为 11.5m/s 处定义一个暂态的阵风，$v(z) = 11.5\text{m/s}$，$v_{\text{gust}} = 7.9\text{m/s}$，周期 $T = 10.5\text{s}$。即

$$v(t) = \begin{cases} 11.5 − 0.37 \times 7.9 \times \sin\left(\dfrac{3\pi t}{10.5}\right) \times \left[1 − \cos\left(\dfrac{2\pi t}{10.5}\right)\right] & 0 \leqslant t \leqslant 10.5 \\ 11.5 & \text{其他} \end{cases} \tag{5-31}$$

在 Bladed 内的设置如图 5-20 所示。

利用暂态风可以对第四章第四节中的 stage 8 中控制策略进行仿真验证。

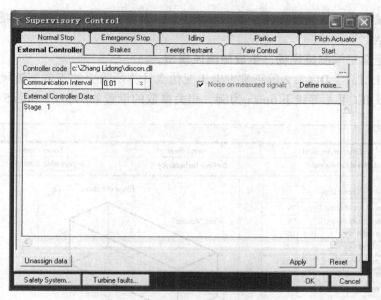

图 5-19　外部控制器及参数设定

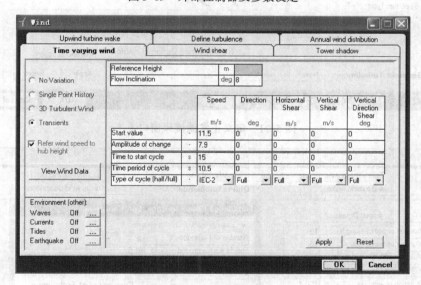

图 5-20　定义暂态阵风

第五节　使用 Bladed 软件进行载荷计算

风力发电机组的设计是从载荷计算开始的。在前四节中，介绍了如何借助 Bladed 建立风力发电机组模型，经线性化处理后得到系统线性化模型，借助 Matlab 分析得到系统的控制参数。而计算载荷的过程，就是验证控制策略是否满足设计要求的过程，因为不同的控制策略和控制参数会显著地影响载荷计算的结果。下面仍以上述 1.5MW 变速恒频风力发电机组为例，介绍利用 Bladed 软件进行载荷计算的步骤，由于第二节已经建立了系统模型，在此不再赘述。

按照风力发电机组的设计标准，如 IEC 或 GL 标准等，定义三维湍流风场，并且经计算生成湍流风模型。

第一步：定义三维湍流风场，生成湍流风模型。

1）生成 DLC1.1、DLC1.2 等正常发电工况仿真计算所需要的正常湍流风（NTM）文件（Wind file），以 IEC ⅡA 等级下 6m/s 为例，相关参数的设置如图 5-21 和图 5-22 所示。

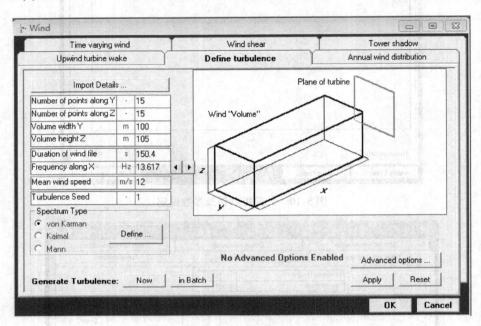

图 5-21 定义正常湍流风窗口 1

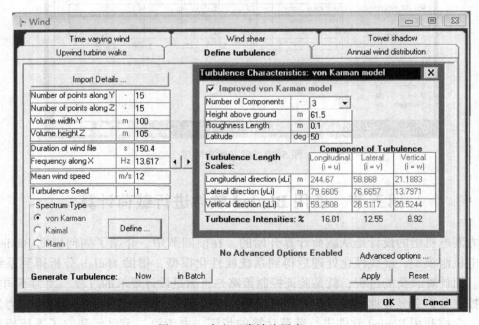

图 5-22 定义正常湍流风窗口 2

2）生成 DLC6.1、DLC6.2、DLC6.3、DLC7.1 等停车/空转工况仿真计算所需要的极端湍流风（EWM）文件，参数设置前两步同上，如图 5-23 和图 5-24 所示。

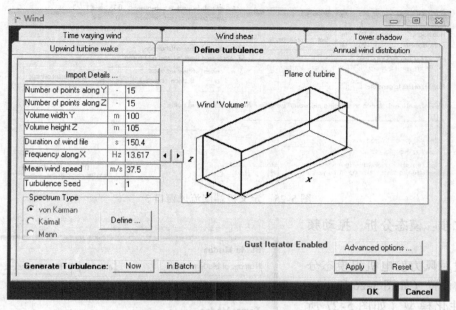

图 5-23 定义极端湍流风窗口 1

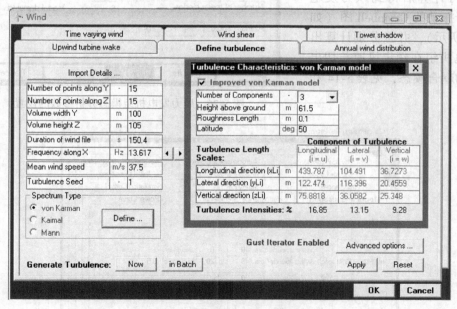

图 5-24 定义极端湍流风窗口 2

按照标准定义完毕后，计算生成湍流风文件（*.wnd）。湍流是随机产生的，为了在这些工况的仿真计算中，获取可能而且合理的极限载荷，需要分别采用 3 个不同的随机数种子，使用每个随机数种子时都需要随机产生 15 个随机风文件，获得风轮扫掠面上出现的时间和位置都不相同的 3s 平均极端阵风文件，相关设置如图 5-25 所示。

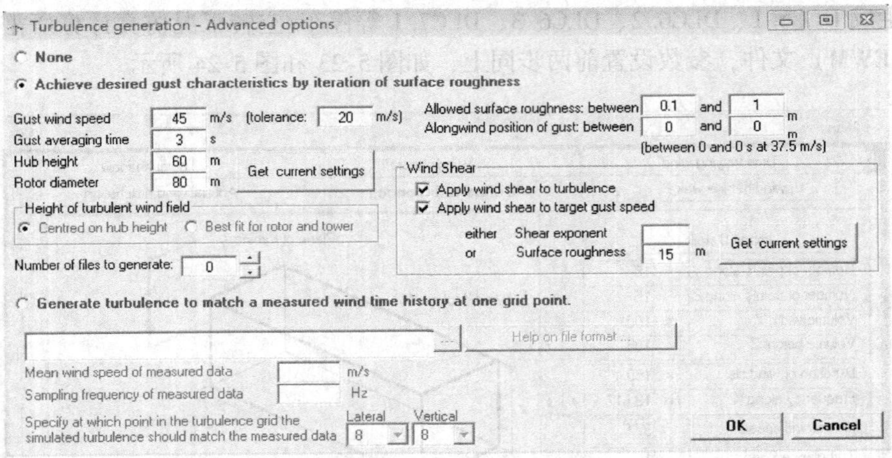

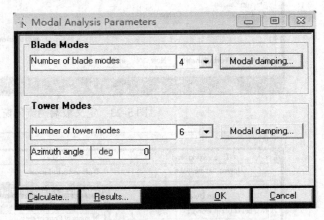

图 5-25　定义极端湍流风窗口 3

第二步：模态分析、振动频率分析。

通过对风力发电机组模态分析参数的设置（如图 5-26 所示），设定线性化模型（如图 5-27 所示）。运行计算后得到风力发电机组转子振动的 Campbell 图（如图 5-28 所示），并且分别计算出风力发电机组在额定风速与切出风速下的耦合模态，见表 5-14 和表 5-15。

图 5-26　风力发电机组模态分析参数的设置

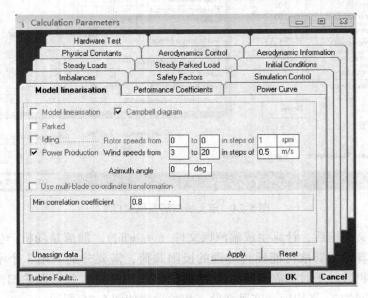

图 5-27　线性化模型

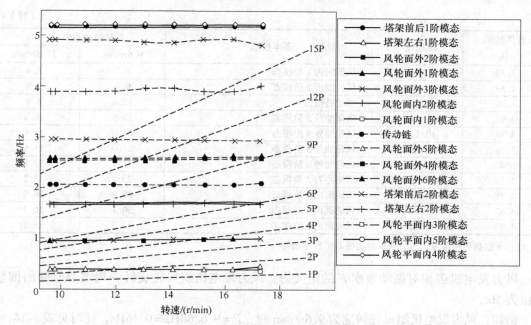

图 5-28　风力发电机组 Campbell 图

表 5-14 *　风力发电机组在额定风速 12m/s 下的耦合模态分析

自然频率 /Hz	阻尼比	基本模态	相对振动频率 P^* /Hz	
			9.6r/min	17.3r/min
0.40	0.6%	塔架前后 1 阶模态	2.5	1.4
0.40	6.3%	塔架左右 1 阶模态	2.5	1.4
1.03	37.6%	风轮面外 1 阶模态	6.4	3.6
1.04	40.6%	风轮面外 2 阶模态	6.5	3.6
1.04	36.3%	风轮面外 3 阶模态	6.5	3.6
1.69	0.9%	风轮面内 1 阶模态	10.6	5.9
1.72	0.9%	风轮面内 2 阶模态	10.7	6.0
2.05	0.3%	传动链扭振	12.8	7.1
2.73	12.4%	风轮面外 4 阶模态	17.1	9.5
2.74	12.1%	风轮面外 5 阶模态	17.1	9.5
2.77	11.8%	风轮面外 6 阶模态	17.3	9.6
2.97	3.7%	塔架前后 2 阶模态	18.5	10.3
3.89	0.5%	塔架左右 2 阶模态	24.3	13.5
5.00	0.4%	风轮面内 3 阶模态	31.3	17.4
5.16	0.6%	风轮面内 4 阶模态	32.3	17.9
5.20	0.6%	风轮面内 5 阶模态	32.5	18.1

表 5-15 *　风力发电机组在切出风速 25m/s 下的耦合模态分析

自然频率 /Hz	阻尼比	基本模态	相对振动频率 P^* /Hz	
			9.6r/min	17.3r/min
0.40	6.5%	塔架前后 1 阶模态	2.5	1.4
0.40	0.8%	塔架左右 1 阶模态	2.5	1.4
1.20	30.6%	风轮面外 1 阶模态	7.5	4.1
1.22	33.4%	风轮面外 2 阶模态	7.6	4.2
1.22	36.0%	风轮面外 3 阶模态	7.6	4.2

（续）

自然频率 /Hz	阻尼比	基本模态	相对振动频率 P^*/Hz	
			9.6r/min	17.3r/min
1.55	2.4%	风轮面内 1 阶模态	9.7	5.4
1.58	2.5%	风轮面内 2 阶模态	9.9	5.5
1.98	0.8%	传动链扭振	12.4	6.9
2.95	3.4%	塔架前后 2 阶模态	18.5	10.2
3.36	10.1%	风轮面外 4 阶模态	21.0	11.6
3.36	9.4%	风轮面外 5 阶模态	21.0	11.6
3.40	9.5%	风轮面外 6 阶模态	21.3	11.8
3.79	0.6%	塔架左右 2 阶模态	23.7	13.2
4.78	1.6%	风轮面内 3 阶模态	29.9	16.6
4.82	1.6%	风轮面内 4 阶模态	30.1	16.7
4.85	0.7%	风轮面内 5 阶模态	30.3	16.8

注：* 数据仅供参考，与后面控制器振动频率不相符。

风力发电机组相对振动频率 P 的定义为：风力发电机组风轮旋转一周需要时间的倒数，单位为 Hz。

例如，风力发电机组风轮转速为 9.6r/min 时，$P = 9.6/60$Hz $= 0.16$Hz。此时见表 5-14，塔架前后一阶频率（Tower fore-aft 1）为 0.40Hz，即相对于风轮旋转频率为 $0.40/0.16 = 2.5P$。

风力发电机一般有三片桨叶，所以在设计的过程中要尽量避开 $3P$、$6P$、$9P$、$12P$ 等 $3P$ 的整数倍振动频率。如果在风力发电机运行的全风速段内，出现了 $3P$ 的整数倍频率，那就要看相应的阻尼比（Damping ratio），阻尼比越小引起的共振就越大，这是在设计中需要考虑的问题，如果不可避免，就要求控制系统进行相应的调整，使运行转速避开共振区。

第三步：外部控制器的定义。

外部控制器的设计已在本章的第三节中详细叙述。

第四步：编制载荷工况。

根据 GL2003 标准中的第四部分 Load Assumptions，规定了风力发电机在设计时需要考虑的载荷工况，具体内容见表 5-16。

表 5-16 载荷工况表

设计状态	DLC	风况[①]	其他条件	分析类型	局部安全因素
发电	1.0	NWP $v_{in} < v_{hub} < v_{out}$		U	N
	1.1	NTM $v_{in} < v_{hub} < v_{out}$		U	N
	1.2	NTM $v_{in} < v_{hub} < v_{out}$		F	*
	1.3	ECD $v_{in} < v_{hub} < v_r$		U	N
	1.4	NWP $v_{in} < v_{hub} < v_{out}$	外部电网故障	U	N
	1.5	EOG_1 $v_{in} < v_{hub} < v_{out}$	电网失电	U	N
	1.6	EOG_{50} $v_{in} < v_{hub} < v_{out}$		U	N
	1.7	EWS $v_{in} < v_{hub} < v_{out}$		U	N
	1.8	EDC_{50} $v_{in} < v_{hub} < v_{out}$		U	N
	1.9	ECG $v_{in} < v_{hub} < v_r$		U	N
	1.10	NWP $v_{in} < v_{hub} < v_{out}$	覆冰[②]	F/U	*/N
	1.11	NWP $v_{hub} = v_r$ or v_{out}	温度影响[②]	U	N
	1.12	NWP $v_{hub} = v_r$ or v_{out}	地震[②]	U	**
	1.13	NWP $v_{hub} = v_r$ or v_{out}	电网失电	F	*

（续）

设计状态	DLC	风况①	其他条件	分析类型	局部安全因素
发电时出现故障	2.1	NWP $v_{in} < v_{hub} < v_{out}$	控制系统故障	U	N
	2.2	NWP $v_{in} < v_{hub} < v_{out}$	安全系统故障或者内部电控系统故障	U	A
	2.3	NTM $v_{in} < v_{hub} < v_{out}$	控制系统或者安全系统故障	F	*
起动	3.1	NWP $v_{in} < v_{hub} < v_{out}$		F	*
	3.2	EOG_1 $v_{in} < v_{hub} < v_{out}$		U	N
	3.3	EDC_1 $v_{in} < v_{hub} < v_{out}$		U	N
正常关机	4.1	NWP $v_{in} < v_{hub} < v_{out}$		F	N
	4.2	EOG_1 $v_{in} < v_{hub} < v_{out}$		U	N
紧急停机	5.1	NWP $v_{in} < v_{hub} < v_{out}$		U	N
停机（停止或者空转）	6.0	NWP $v_{hub} < 0.8\, v_{ref}$	地震	U	*
	6.1	EWM 50年一遇		U	N
	6.2	EWM 50年一遇	电网失电	U	A
	6.3	EWM 每年一遇	极端偏航误差	U	N
	6.4	NTM $v_{hub} < 0.7 v_{ref}$		F	*
	6.5	EDC_{50} $v_{hub} = v_{ref}$	冰冻	U	N
	6.6	NWP $v_{hub} = 0.8 v_{ref}$	温度影响	U	N
故障停机	7.1	EWM 每年一遇		U	A
运输、安装、维护	8.1	EOG_1 $v_{hub} = v_T$	制造商定义	U	T
	8.2	EWM 每年一遇	锁紧状态	U	A
	8.3		旋涡诱导横向振动	F	*

① 如果没有定义切出风速 v_{out}，就用 v_{ref} 风速代替。

② 三种载荷情况——覆冰、温度影响、地震（可能地震），由设计者根据安装场地的气象条件选用。

* 疲劳局部安全因素。

** 地震局部安全因素。

注：表中缩略词意义：

DLC：设计载荷工况。

ECD：极限风况 + 阵风 + 风向改变。

ECG：极限风况 + 阵风。

EDC：极限风况 + 风向改变。

EOG：极限风况阵风运行。

EWM：极限风速模型。

EWS：极限风剪。

NTM：正常湍流模型。

NWP：正常风轮轮廓模型。

F：疲劳强度。

U：极限强度。

N：正常 + 极限。

A：反常。

T：运输、安装、维护。

利用第一步的三维风模型计算出风速文件（ * . wnd），编制多种工况，充分考虑风力发电机组在各种不同工况下的载荷情况，选取最大的、最恶劣的工况作为部件设计的载荷。以 DLC6.1 工况为例，编制工况见表 5-17。

表 5-17 DLC6.1 工况

设计载荷工况：DLC6.1
设计工况：静止
风况：极端风速模型/极端湍流风速模型（EWM），$v_{\text{hub}} = v_{e50}$
其他情况：
分析方法：最大
局部安全系数：正常的和极端的
仿真描述：

	平均风速	风速种子	偏航误差
6.1a			−8°
6.1b		1	0°
6.1c			+8°
6.1d			−8°
6.1e	37.5m/s	2	0°
6.1f			+8°
6.1g			−8°
6.1h		3	0°
6.1i			+8°

注：三维三分量各向异性 von Karman 湍流风场（10min 样本）。
　　调整纵向湍流强度以对每一个风速文件获得一个 50 年一遇的 3s 阵风。
　　$v_{e50} = 52.5\text{m/s}$，每次在风轮扫掠面的不同点上。
　　纵向湍流强度至少为 11%。
　　风速梯度 $\alpha = 0.11$。

　　读入湍流风模型后如图 5-29 所示，风向按照偏航误差设置。同一种风，由于风种子、偏航误差等不同，要求有多个风况，所以一般需要提前计算多个风况（多个风文件，标准要求为 15 个）。

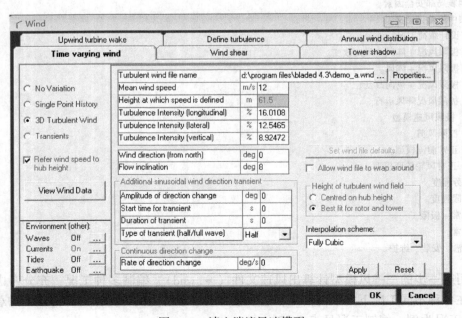

图 5-29 读入湍流风速模型

　　所有需要计算的工况都编制完成后，可试着计算几个简单的工况，如 DLC6.1、DLC6.2 等，检查一下计算模型是否正确。正确的话就完成所有的工况计算。

　　第五步：后处理。疲劳、极限、频谱分析等。

　　经过第四步后，通过 Bladed 功能强大的后处理，得出想要的结果。现以计算塔架根部的载荷极限为例进行说明。

　　1）定义要处理的变量，如图 5-30 所示。

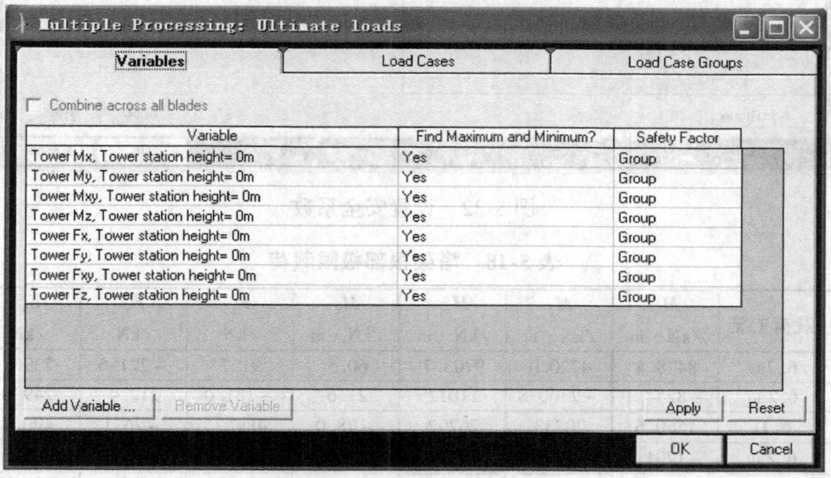

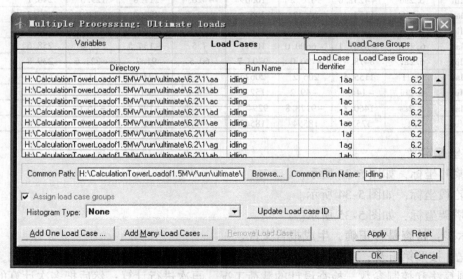

图 5-30　定义变量

　　2）定义要处理的载荷工况，如图 5-31 所示。

图 5-31　定义要处理的载荷工况

　　3）定义载荷工况组的安全系数，按照 GL 标准，设置极限载荷的安全系数为 1.35，如图 5-32 所示。

　　4）Bladed 自动处理后得出结果，见表 5-18。

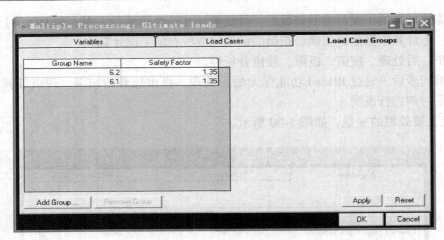

图 5-32 设置安全系数

表 5-18 塔架根部极限载荷

		载荷工况	M_x /kN·m	M_y /kN·m	M_{xy} /kN·m	M_z /kN·m	F_x /kN	F_y /kN	F_{xy} /kN	F_z /kN
M_x	Max	6.2av	8478.4	4720.0	9703.7	60.5	91.7	−221.6	239.8	−968.3
M_x	Min	6.2aq	−8244.1	−7300.8	11012	21.6	−131.0	212.4	249.6	−956.0
M_y	Max	6.1f	1560.6	20733	20792	−78.0	489.7	−26.1	490.4	−1217.5
M_y	Min	6.2ag	−1731.4	−17011	17099	−3.6	−381.4	41.4	383.7	−950.9
M_{xy}	Max	6.1f	1560.6	20733	20792	−78.0	489.7	−26.1	490.4	−1217.5
M_{xy}	Min	6.2ap	−24.1	−60.8	65.4	−96.6	−3.2	10.9	11.4	−967.7
M_z	Max	6.2bi	5961.2	8915.1	10725	525.7	195.7	−149.8	246.5	−982.3
M_z	Min	6.2ao	−4252.6	9676.2	10569	−426.4	211.8	129.3	248.1	−970.1
F_x	Max	6.1f	1155.4	20642	20674	−3.3	497.6	−11.1	497.7	−1212.2
F_x	Min	6.2ag	−999.0	−16782	16812	55.1	−383.9	18.5	384.3	−944.5
F_y	Max	6.2bb	−8181.1	−6600.0	10511	7.5	−134.5	220.8	258.6	−957.3
F_y	Min	6.2av	8478.4	4720.0	9703.7	60.5	91.7	−221.6	239.8	−968.3
F_{xy}	Max	6.1f	1155.4	20642	20674	−3.3	497.6	−11.1	497.7	−1212.2
F_{xy}	Min	6.2bi	−144.1	−49.2	152.2	−8.6	3.0	1.1	3.2	−968.3
F_z	Max	6.2as	1460.3	−9178.8	9294.3	−47.5	−199.8	−36.6	203.1	−925.1
F_z	Min	6.1e	575.3	18554	18563	−40.2	422.5	−8.9	422.6	−1234.7

5）坐标定义。

① 桨叶坐标，如图 5-33 所示。

② 轮毂坐标，如图 5-34 所示。

③ 塔架坐标，如图 5-35 所示。

第六步：检查是否正确，生成报告文件。

首先，按照第五步，逐个计算出相应点的载荷，再回到第三步进行控制器优化，修正相应的控制算法和控制参数，检查设计的载荷工况，再次进行计算；然后把多次计算的结果进行比较，得出最优的计算载荷，同时也确定了控制策略；最后再对部件提出载荷要求。整个过程是螺旋上升的过程，具体流程如图 5-36 所示。如计算出塔架根部的载荷，可以设计基础及塔架的法兰；计算出桨叶根部的载荷，可以提出变桨轴承的载荷要求等。经过一系列的计算，可以得出各个部件的相应载荷要求，最后形成统一的载荷报告。

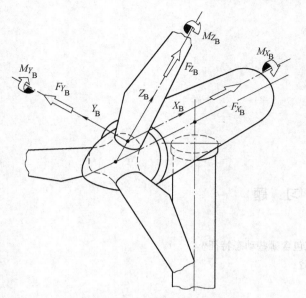

图 5-33　桨叶坐标

Z_B：沿叶片（桨距）轴指向翼尖

X_B：垂直于 Z_B 指向下风方向

Y_B：根据右手定理，垂直于 Z_B 和 X_B

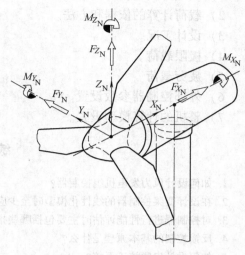

图 5-34　轮毂坐标

风轮静止时：

X_N：沿主轴指向下风方向

Z_N：垂直于 X_N，和叶片 1 一起在垂直平面内指向上方

Y_N：根据右手定理，垂直于 Z_N 和 X_N 沿水平方向风轮转动时：

X_N：沿主轴指向下风方向

Z_N：垂直于 X_N，和叶片 1 一起转动，如果锥角为零则与翼展方向相同

Y_N：根据右手定则，垂直于 Z_N 和 X_N

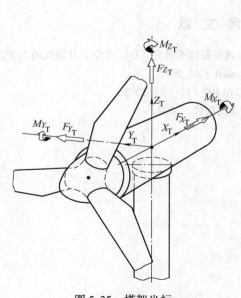

图 5-35　塔架坐标

X_T：指南方向　　Z_T：垂直于风向　　Y_T：指东方向

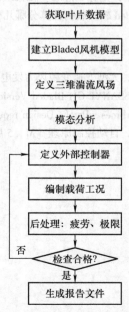

图 5-36　Bladed 载荷计算整个过程

载荷报告一般包含以下内容：

1）该风力发电机的技术描述。

2）载荷计算的依据和方法。

3）设计工况。

4）极限载荷。

5）疲劳载荷。

6）外部控制器参数设置。

7）整机的计算模型设置。

练 习 题

1. 如何设计风力发电机组控制器？

2. 在设计变桨控制器的线性化模型时至少应该包含哪些动态特征？

3. 对控制器进行性能评估时主要包括哪些指标？

4. 反馈控制的基本原理是什么？

5. 如何设计串联校正系统？

6. 如何将连续系统离散化？

7. 风力发电机组控制系统的设计过程有哪些步骤？

8. 在控制系统的开发中主要用到哪些软件，这些软件在设计环节中有什么作用？

9. Bladed 软件有哪些功能模块？

10. 什么是 Bladed 外部控制器？外部控制器可以实现哪些机组功能？

11. 外部控制器中常用的控制策略有哪些？

12. 变速恒频风力发电机组全风速段内可分为几个运行阶段？各阶段如何进行控制？

13. 参数 P 是什么意思？在机组设计中要避开多少整数倍的振动频率？为什么？

14. Bladed 软件载荷计算分哪几个步骤？

参 考 文 献

[1] 邢作霞. 大型变速变距风力发电机组的柔性协调控制技术研究 [D]. 北京：北京交通大学，2008.

[2] E A BOSSANYI. GH Bladed Version 4.3 User Manual [Z]. 2012.

[3] Wind turbines – Part1：Design requirements：IEC 61400 – 1，[S]. 2005.

[4] 胡寿松. 自动控制原理 [M]. 5 版. 北京：科学出版社，2007.

第六章 风力发电机组的基本控制逻辑

本章介绍风力发电机组的基本控制逻辑，主要包括风力发电机组启机过程、停机过程、偏航控制以及安全保护。

第一节 风力发电机组的启机过程

风力发电机组的启动方式按优先级分为机舱启动、面板（HMI）启动、远程启动和自动启动。当执行其中某一启动方式时，将锁住之后的任一启动方式。机舱启动是指工作人员在机舱内部手动启动系统，面板启动与机舱启动类似，面板位于控制柜里。远程启动是由中央控制室发出启动指令，一般是通过风电场监控（SCADA）系统实现的。自动启动是在无人值守情况下，控制系统自动监测各个部件的状态，当运行条件满足启动条件时，机组自动进入运行状态的启动方式。

在启机之前，风力发电机组需要执行停机过程与当前最高停机等级等方面的自检。当风力发电机组完成所需的停机过程，且桨叶顺桨到安全位置时，如果当前最高停机等级小于正常停机等级，风力发电机组将进入等风等温过程。

在等风过程中，机组将检测风速是否大于切入风速且小于最大启动风速，偏航误差是否小于最大偏航启动误差；如果偏航误差大于最大偏航启动误差，且机组风速大于偏航启动风速时，机组将自动对风，直到偏航误差小于左、右偏航误差才停止对风；在等温过程中，机组将检测其运行温度、发电机每个绕组温度、变流器 IGBT 温度、变桨系统轴柜温度、变桨系统备用电源柜温度以及齿轮箱油温等关键部件温度是否满足启机条件。如果机组关键部件温度不满足启机要求，控制系统将启动部件对应的加热与冷却等控制策略，确保其温度满足机组运行要求。对于常温型风力发电机组来说，其运行温度范围应为 −10 ~ +40℃；对于低温型风力发电机组来说，其运行温度为 −30 ~ +40℃。如果满足上述条件，机组将进入启机过程。

通常情况下，风力发电机组启机过程分为桨距角一次调整过程与桨距角二次调整过程。根据风速的大小，控制系统又将桨距角一次调整过程分为小风启动过程和大风启动过程，且为这两种启动过程分别设定了不同的一次变桨的目标给定值。当控制系统检测到机组风速小于额定风速时，机组将进入小风启动过程，否则进入大风启动过程。在控制系统作用下，变桨系统将朝着桨距角目标给定值方向开桨，机组转速随之逐步增加，当机组转速大于二次调整转速阈值（又称开环转速）之后，桨距角一次调整过程将自动结束，并进入桨距角二次调整过程。在小风启机过程中，如果机组平均风速变大，且大于额定风速 + 风速回滞值时，机组将自动进入大风启机过程；同理，在大风启机过程中，如果机组平均风速变小，且小于额定风速 − 风速回滞值时，机组将自动进入小风启机过程。其具体流程如图 6-1 所示。

在桨距角二次调整过程中，控制系统设定的桨距角目标设定值为最优桨距角，机组转速目标值为并网转速。在变桨环 PI 控制作用下，通过调整机组桨距角，控制系统使机组转速控制在并网转速附近，然后下发并网指令给变流器。

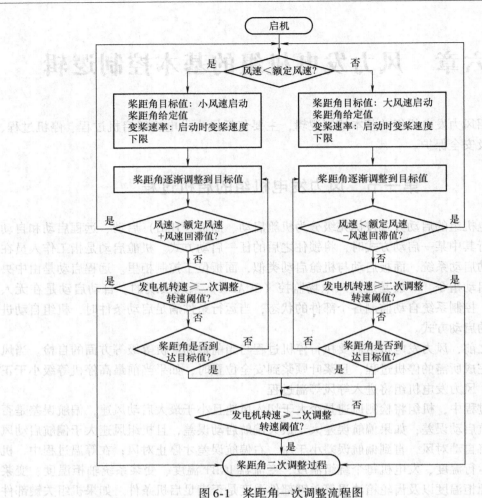

图 6-1　桨距角一次调整流程图

对于双馈变流器来说，变流器在接收到并网命令后，将先对母线进行预充电，当母线电压达到一定程度后，网侧变流器开始进行调制；当网侧变流器正常运行后，机侧变流器开始自检，自检通过后开始对励磁电流幅值、相位和频率进行控制，当发电机定子空载电压和电网电压同频率、同相位、同幅值时，变流器将自动完成并网，同时将并网状态反馈给控制系统。此时，风力发电机组由启机过程进入了并网发电过程。当风速变化导致发电机转速变化时，变流器通过控制转子的励磁电流频率来改变转子磁场的旋转频率、幅值、相位等参数，使发电机的输出电压、频率和电网保持一致，从而实现风力发电系统的变速恒频发电。

对于全功率变流器来说，在启机过程中，当变流器接收到控制系统下发的启动命令后，网侧变流器启动，直流侧电压缓起，随后主并网断路器吸合，并正常调制与上传变流器准备好标志。当机组转速达到并网转速时，控制系统下发加载允许指令，变流器接收到该指令后，立即激活机侧调制器，并上传"转矩跟踪允许"标志，当机组转速达到发电转速时，控制系统下发转矩给定值，变流器实时跟踪主控系统的转矩给定值。

图 6-2 与图 6-3 分别为风力发电机组小风与大风启机并网前桨距角和转速的变化曲线，从图中可以看到在并网前桨距角与发电机转速的变化，以及机组并网前经历的桨距角一次调

整过程、等待风轮加速到开环转速、桨距角二次调整过程以及等待风轮加速到并网转速过程等。

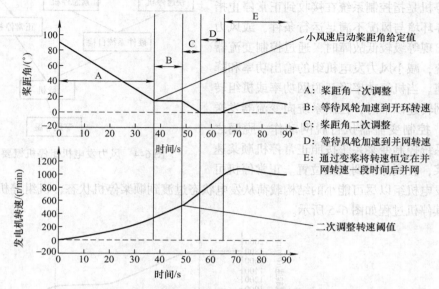

A：桨距角一次调整
B：等待风轮加速到开环转速
C：桨距角二次调整
D：等待风轮加速到并网转速
E：通过变桨将转速恒定在并网转速一段时间后并网

图 6-2　小风启机并网前桨距角和转速变化图

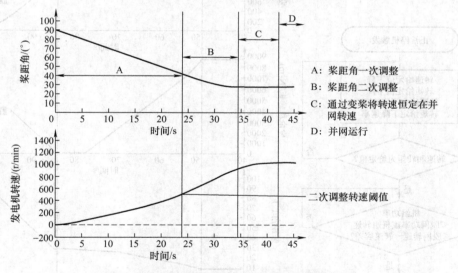

A：桨距角一次调整
B：桨距角二次调整
C：通过变桨将转速恒定在并网转速
D：并网运行

图 6-3　大风启机并网前桨距角和转速变化图

第二节　风力发电机组的停机过程

控制系统应采用多级停机控制方式，当风力发电机组触发故障报警时，根据故障对应的停机程序等级，执行相应的停机流程，在确保风力发电机组运行安全的情况下，减小对系统整体结构的冲击。在通常情况下，风力发电机组停机方式包括正常停机、快速停机和紧急停机中的一种或几种，其概要图如图 6-4 所示。

一、停机方式与过程

正常停机是指控制系统在接收到正常停止指令，或外界环境与风况不满足运行条件，或风力发电机组出现等级较低故障时，通过控制变流器与变桨系统，减小风力发电机组的输出功率和降低机组转速。当机组功率降至脱网功率或机组转速降到脱网转速以下时，控制系统向变流器发送脱网指令，控制变流器执行脱网动作。脱网之后，控制系统控制变桨系统按照正常停机顺桨速率继续顺桨，直到停机到安全位置。正常停机可以使风力发电机组以尽可能小的结构载荷从发电状态过渡到顺桨停机状态，机组停机后仍可自动偏航，其停机过程如图6-5所示。

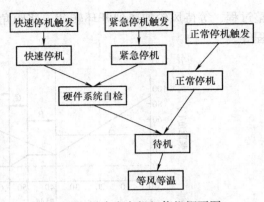

图6-4　风力发电机组停机概要图

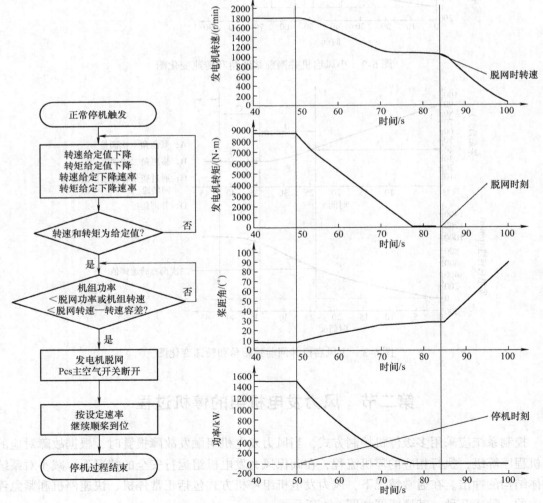

图6-5　正常停机控制流程图

　　快速停机是指风力发电机组发生较高级别故障时，控制系统通过开环控制方式，控制机组变桨系统按照快速顺桨速率顺桨；当风力发电机组输出功率降至脱网功率或机组转速低于脱网转速时，控制系统向变流器下发脱网指令，控制变流器执行脱网动作。脱网之后，控制系统控制变桨系统按照快速停机顺桨速率继续顺桨，直到停机到安全位置。在该种停机过程中，为了保障风力发电机组快速停机，在变流器允许的前提下，尽可能长时间地给发电机提供电磁转矩，直到机组脱网，其停机过程如图6-6所示。

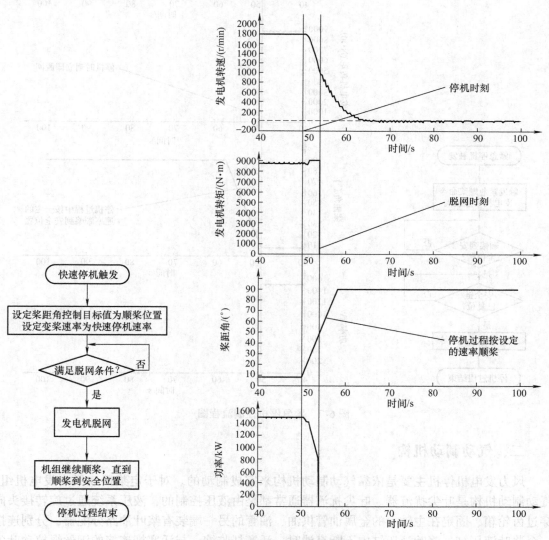

图6-6　快速停机控制流程图

　　紧急停机是指风力发电机组出现安全链断开，或出现严重故障，或急停按钮触发时，控制系统控制变桨系统按照紧急顺桨速率顺桨，并控制变流器紧急脱网。当紧急停机触发后，机组禁止自动对风偏航，紧急顺桨命令（EFC）设置为低电平。对于利用电池作为后备电源的直流变桨系统，其实际紧急顺桨速率还取决于后备电源现有的能力。其停机过程如图6-7所示。

119

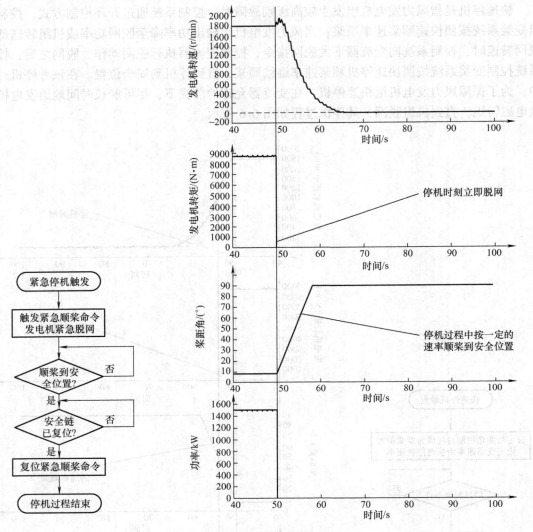

图 6-7 紧急停机控制流程图

二、气动制动机构

风力发电机停机主要是依靠气动制动机构来完成制动的。对于定桨恒速风力发电机组,气动制动机构是叶尖扰流器。叶尖扰流器通常都是由液压控制的,液压系统通过旋转接头向穿过齿轮箱、固定在主轴上的金属油管供油,油管的另一端装有桨叶油路分配器,分别连接三个桨叶液压缸。桨叶液压缸内不断充油时,活塞杆收缩,与活塞杆连接的钢丝绳拉动叶尖扰流器收回,当其压力正常时,叶尖扰流器与桨叶合为一体。当桨叶液压缸压力降低到叶尖扰流器可以甩出的压力时,叶尖扰流器从工作位置甩出,在弹簧力与离心力作用下沿设计好的轨迹滑出并旋转80°~90°,形成气动阻尼,使风轮转速迅速下降到安全范围。桨叶油路上设有限压阀,控制系统时刻监测叶尖压力,以确保叶尖压力不超过设定值。如果风轮转速过高,由离心力引起的叶尖压力上升,压力超过限值时就会触发停机动作。在叶尖扰流器的液压控制回路中通常包含突开阀,当叶尖压力过高时,液压缸过高的压力将把突开阀的防爆膜击穿，液压压力自动释放，叶尖扰流器被甩出，机组执行安全停机。

对于具有变桨系统的风力发电机组，气动制动机构是变桨系统，它是变速恒频风力发电机组重要的组成部分，通常采用液压驱动或电动机驱动。在执行停机过程中，变桨系统通过调节桨叶对气流的攻角来降低机组的桨叶气动特性，从而使风力发电机组安全停机。

三、停机操作

风力发电机组停机操作包括塔基手动停机、面板（HMI）手动停机、塔基紧急停机、机舱手动停机、机舱紧急停机、远程（SCADA）停机与能量管理平台停机等。其中，远程（SCADA）停机指令是由风电场运行人员根据实际需求给风力发电机组下发的停机指令；能量管理平台停机指令是由能量管理平台根据 AGC 与 AVC 总调度要求以及实际机组出力情况，给风力发电机组下发的停机指令；当塔基手动停机、面板（HMI）手动停机、机舱手动停机、远程（SCADA）停机或能量管理平台停机触发时，机组将执行正常停机；当塔基紧急停机或机舱紧急停机触发时，机组将执行紧急停机，延时一定时间之后或机组转速下降到某一安全阈值时，将投入机械制动。

第三节　风力发电机组的偏航控制

偏航系统又称对风装置，是风力发电机组必不可少的重要组成部分。它一般由偏航驱动装置、偏航传动装置、偏航制动器、偏航计数器、风速风向仪、偏航轴承及纽缆保护装置等组成。

从偏航控制模式来看，偏航控制通常包括自动偏航和手动偏航，其中，手动偏航包括塔底控制柜手动偏航、机舱控制柜手动偏航、中央监控室远程手动偏航。其优先级为机舱控制柜手动偏航＞塔基控制柜手动偏航＞中央监控室远程手动偏航＞自动偏航。

从偏航驱动模式来看，偏航系统一般又可分为主动偏航系统和被动偏航系统，其中被动偏航系统是依靠风力通过相关机构完成机组对风的动作，主要用于小型机组；大型机组一般采用主动偏航系统，主动偏航系统功能框图与工作过程如图 6-8 所示。

偏航系统主要功能，一是使机组及时跟踪风向变化，实现最大风能捕

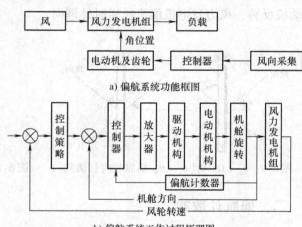

a) 偏航系统功能框图

b) 偏航系统工作过程原理图

图 6-8　偏航系统功能框图与工作过程

获；二是当风力发电机组扭缆超过设定的保护阈值时，风力发电机组将自动解缆。

一、偏航控制原理

偏航角 θ_e

$$\theta_e = \theta_W - \theta_T \tag{6-1}$$

式中，θ_W 为风向角度；θ_T 为风力机风轮角度。

风向标作为感应元件将风向变化信号转换为电信号传递到偏航电动机控制回路的处理器中，处理器经过比较后给偏航电动机发出顺时针或逆时针的偏航指令。为了减少偏航时的陀螺力矩，偏航电动机转速将通过同轴连接的减速器减速后，将偏航力矩作用在回转体大齿轮上，带动风轮偏航对风，当对风结束后，风向标失去电信号，偏航电动机停止转动，偏航过程结束。

在偏航过程中，风力发电机组只有按最短路径将机舱转过相应角度，才能够提高发电效率，这就需要解决电动机的启动和转向问题。为了确保电动机的转向使风力机转过最小路径，即偏航时间最短，需要弄清偏航角 θ_e 与风向角度和风力发电机组机舱角度之间的相对关系。就水平轴风力发电机组而言，风向和风力发电机组风轮迎风面法线方向的夹角（以下角度都是相对的）有以下两种情况：

当风向与风力发电机组风轮迎风面法线方向角度差小于180°时，偏航角为

$$\theta_e - \theta_W - \theta_T \tag{6-2}$$

通常，风向角 θ_W 是相对于风轮迎风面法线方向的角，故取 $\theta_T = 0$，偏航角度为

$$\theta_e = \theta_W \tag{6-3}$$

如图 6-9 所示（风轮迎风面以粗实线表示，粗虚线表示风力发电机组处于迎风位置），电动机正转，风力发电机组机舱顺时针调向。

当风向与风力发电机组风轮迎风面法线方向角度差大于180°时，偏航角为

$$\theta_e = 360° - |\theta_W - \theta_T| = 360° - \theta_W \tag{6-4}$$

如图 6-10 所示（风轮迎风面以粗实线表示，粗虚线表示风力发电机组处于迎风位置），电动机反转，风力发电机组机舱逆时针调向。

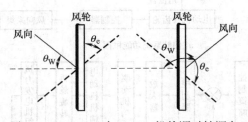

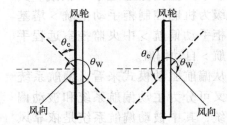

图 6-9　$\theta_e < 180°$时 $\theta_e = \theta_W$ 机舱顺时针调向　　　　图 6-10　$\theta_e > 180°$时 $\theta_e = 360° - \theta_W$ 机舱逆时针调向

二、偏航计数器

在通常情况下，风力发电机组偏航计数器主要采用的是偏航编码器或偏航接近开关。其中，偏航编码器是一个绝对值编码器，可以准确计算偏航位置。由于该编码器是由机械位置决定的，而每个位置是唯一的；因此它无须记忆，无须找到参考点，而且不用一直计数，控制系统什么时候需要知道位置，什么时候就可以读取它的位置值。偏航接近开关是一个光传感器，它利用偏航齿圈齿的高低不同而使得光信号不同来进行工作的。控制系统通过采集左右两个接近开关的信号以及变化规律，来判断机组的偏航方向，并通过偏航齿距间接计算出机组偏航位置。由于该传感器不具备记忆功能，因此，机组需要设置偏航零位参考点并且要保存机组偏航位置。

三、对风控制

由于自然风具有随机性的特点，在正常运行过程中，风力发电机组需要根据风向的变化，及时驱动机组围绕塔架中心线旋转，确保机组风轮始终处于正迎风状态，以实现最大风能捕获，其控制流程图如图 6-11 所示。

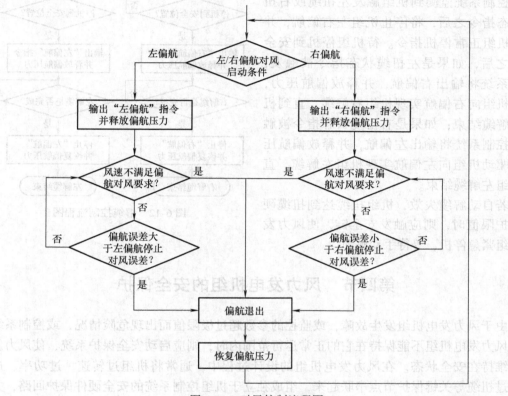

图 6-11　对风控制流程图

当控制系统监测到风速大于偏航启动风速，且偏航对风误差小于左偏航启动误差时，控制系统将输出左偏航指令，并释放偏航回路的压力，通过驱动偏航电动机运行实现机组左偏航。在左偏航过程中，如果风速不满足偏航对风要求或偏航对风误差大于左偏航停止误差，控制系统将退出偏航。

当控制系统监测到风速大于偏航启动风速，且偏航对风误差大于右偏航启动误差时，控制系统将输出右偏航指令，并释放偏航回路的压力，通过驱动偏航电动机运行实现机组右偏航。在右偏航过程中，如果风速不满足偏航对风要求或偏航对风误差小于右偏航停止误差，控制系统将退出偏航。

四、解缆控制

由于自然风的不确定性，使得风力发电机组需要经常向不同的方向偏航对风，由此导致机组电缆不断扭转。如果风力发电机组多次向同一方向转动，就会导致电缆缠绕，甚至绞断。为了保护机组安全，风力发电机组需要配置对应的扭缆保护与解缆控制。解缆通常包括自动解缆和手动解缆，其中，自动解缆应至少设置两级限制，当机组扭缆超过某一设定限值时，控制系统将发出解缆信号，通过对偏航驱动装置的控制实现机组自动解缆，控制流程如图6-12所示。

控制系统监测到机组触发左扭缆或右扭缆状态指令之后，将停止机组左右偏航，并触发机组正常停机指令。待机组停机到安全位置之后，如果是左扭缆状态指令被触发，控制系统将输出右偏航，并释放偏航压力，驱动机组向右偏航实现机组右解缆，直到机组右解缆结束；如果是右扭缆状态指令被触发，控制系统将输出左偏航，并释放偏航压力，驱动机组向左偏航实现机组左解缆，直到机组左解缆结束。

若自动解缆失效，机组扭缆达到扭缆硬件保护限值时，则应触发安全链，使风力发电机组紧急停机，等待手动解缆。

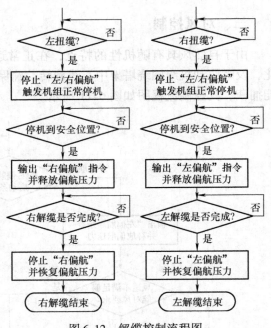

图 6-12 解缆控制流程图

第四节 风力发电机组的安全保护

由于风力发电机组发生故障，或监控的参数超过极限值而出现危险情况，或控制系统失效，风力发电机组不能保持在它的正常运行范围内时，则应启动安全保护系统，使风力发电机组维持在安全状态。在风力发电机组的设计过程中，通常将机组过转速、过功率、过振动、过扭缆等关键保护节点串联起来，组成独立于机组控制系统的安全硬件保护回路，并通过桨叶气动制动机构和机械制动等安全执行机构控制机组安全停机。

一、安全链

安全链是由风力发电机组若干关键保护节点串联组成的独立于控制系统的硬件保护回路。在风力发电机组控制系统中，将对机组安全运行影响大、停机级别高的关键保护节点，单独并一一串接起来，组成风力发电机组系统安全链。安全链中的任意一项出现异常，都会触发机组安全链故障，并导致机组执行紧急停机。安全链故障信号通常包括控制柜紧急停机按钮、主断路器跳闸、过振动开关触发、机组过转速、控制器看门狗触发与过扭缆等信号。安全链故障为不可自动恢复故障，应在排除故障进行手动复位后，才可以重新启动风力发电机组。

二、过转速保护

风力发电机组的转速信号由转速传感器（通常为增量型编码器或接近开关）采集。转速信号应至少由两个独立的系统分别采集，并应向控制系统和安全保护系统各提供一个转速信号。GL 规范要求对风力发电机组的过转速保护要进行分级，当机组转速超过安全系统保护极限转速 n_A 时，安全保护系统应立即做出保护风力发电机组的响应，GL 规范中过转速保护如图 6-13 所示。

原则上，转速测量系统如同制动系统本身应满足对功能和可靠性的同样要求。当机组转速超过运行范围，即 $n > n_3$ 时，控制系统应通过对应的控制策略使机组减速；当机组转速超出过速保护阈值 n_4 时，控制系统应执行停机；当机组转速超过转速硬件保护阈值 n_A 时，将触发机组安全链，并执行紧急停机；如果速度检测系统故障，则控制系统应执行停机。

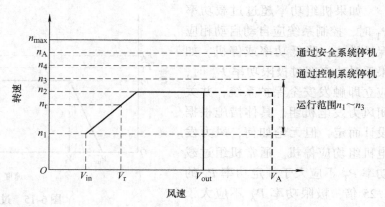

图 6-13　过转速保护

过转速保护开关接线原理如图 6-14 所示。

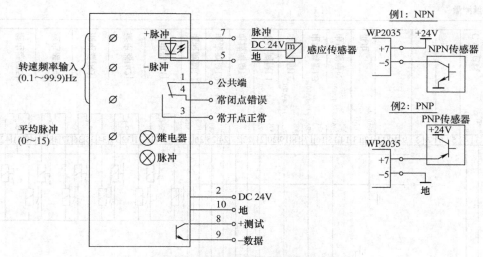

图 6-14　过转速保护开关接线原理图

安全系统的过转速保护开关是专用于风力发电机组转速监测的设备，它内置 16 位微处理器，可以监测大转速信号，过速开关的警报频率的设定由数字转换开关决定，通过将机组转速信号转换为频率信号，当过速开关检测到机组转速超出预设警报频率时，通过内部继电器输出开关信号，该开关信号通常串联在安全链中。

三、过功率保护

控制器系统持续检测和监测电网三相电压、相位、电流及频率，当检测到电网电压、相位、电流、频率以及功率出现异常时，将控制风力发电机组停机。过功率保护应分为控制器

125

系统和安全系统两级，GL规范要求对风力发电机组的过功率保护采用分级保护，当机组功率超过安全系统保护的极限功率 P_A 时，安全保护系统应立即做出保护风力发电机组的响应，风力发电机组过功率保护如图6-15所示。

如果机组功率超过过载功率 P_T 时，控制系统应自动启动相应保护措施，降低功率或停机。如果瞬时功率超过极限功率 P_A 时，应立即触发安全保护系统，并关闭风力发电机组。具体措施根据设计而定，但无论如何，风力发电机组均应停机。通常机组过载功率 P_T 不应大于额定功率 P_r 的1.25倍，极限功率 P_A 不应大于额定功率 P_r 的1.5倍。如果是由

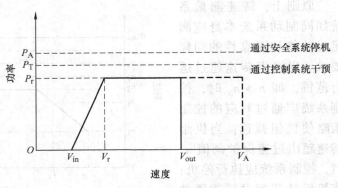

图6-15 过功率保护

于机组过载功率 P_T 而导致的风力发电机组停机，并且系统中没有故障，则该风力发电机组无须排除故障即可自动重启。电参量测量模块接线原理如图6-16所示。

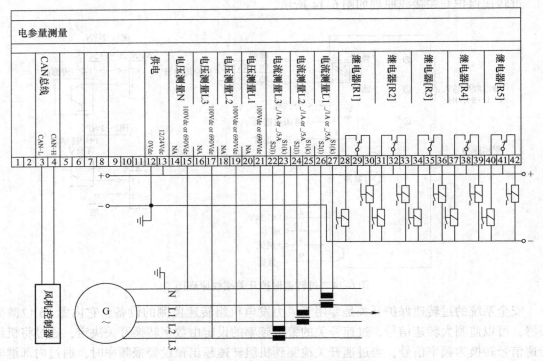

图6-16 电参量测量模块接线原理图

电参量测量模块通过电压和电流互感器，持续检测电网三相电压、相位、电流、频率、发电量和耗电量等。并通过通信系统将上述数据传输给主控系统。当检测到电网出现异常时，主控器控制机组停机。

四、振动传感器

机械振动传感器是用于测量机组在运行时的低频振动参数的监测装置，通常机械振动传感器内部集成了数据通信功能模块，以模拟量输出，或通过 RS－485 通信接口或 CAN 总线实现实时通信，确保实际运行条件下的振动不超过临界振动。机械振动传感器测试原理如图 6-17 所示。

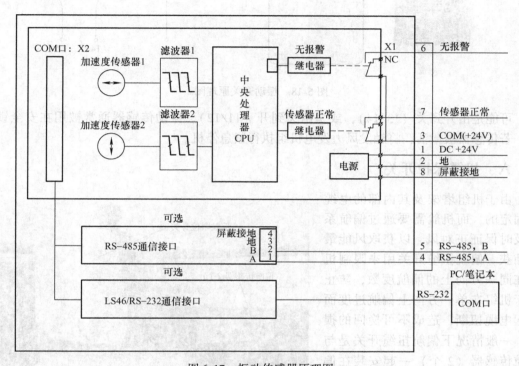

图 6-17 振动传感器原理图

机械振动传感器内部的两个加速度传感器可以分别测量 X 方向和 Y 方向的振动，监测的频段为 $0.1 \sim 5.0$Hz、加速度为 $0.01 \sim 0.30g$，并提供内部报警功能，报警回路中含有内部继电器输出触点，用于与远程的报警系统连通或停止监测进程。可以通过主控系统来修改其某些参数，并根据需要自行调整报警和延时时间。

五、过振动保护传感器

极限振动保护传感器用来反映机组的振动幅度，它可以是一个朝上安装的摆锤或者是一个可检测 360°方向振动的振动小球。当机组处于异常运行，振动幅度超过极限振动保护传感器预设值时，其激活内部微动开关，该开关信号通常串联在安全链中，通过触发机组安全执行机构来保护机组，振动开关原理如图 6-18 所示。

摆锤振动传感器的灵敏度可以通过上下移动重力摆锤来调整，它安装在垂直于重力方向上，当机组振动达到摆锤振动传感器设定值时，激活振动传感器的微动开关。振动球的灵敏度和开孔尺寸相关，它通常固定于机架上的中间开孔安装板上，当机组振动达到一定幅度时，小球将从孔中滚出。当微动开关被激活后，振动传感器将改变其内部的自由继电器状

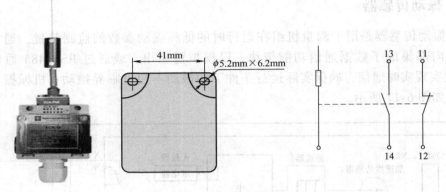

图 6-18 振动开关原理图

态，可能是由开到关（13/14），或是由关到开（11/12）。振动传感器通常被用在安全锁链中，若传感器被激活，将触发风力发电机组执行紧急停机。

六、扭缆保护开关

由于机组塔架及其内部的电缆是固定的，而机舱需要通过偏航系统及时保证正对风，以获取风能最大捕获。偏航扭缆开关用来限制机组在同一方向上的偏航度数，防止由于机组在单一方向上偏航过度而引起电缆扭断，造成不可挽回的损失。一般情况下偏航扭缆开关是与偏航传感器（2个）一起安装在偏航大齿轮的侧面，如图6-19所示。

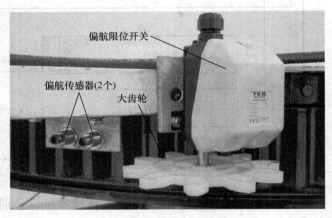

图 6-19 偏航扭缆开关安装示意

偏航扭缆开关底部有一个 10 个齿的小齿轮，它与机组的大齿轮相啮合。其中偏航扭缆开关的内外齿速比为 1 : *XXX*，即当偏航扭缆开关的小齿轮转动 *XXX* 圈时，内部的触点（有 3 个）转动 1 圈，如图 6-20 所示。

由于机组要进行左、右两个方向的偏航，也就是说偏航扭缆开关内部的触点会有顺时针（CW）和逆时针（CCW）两个旋转方向，当机组偏航时，带动扭缆开关内部的 3 个触点同时转动，当塔架电缆扭缆到一定程度时，执行机组停机偏航解缆。机组由于某种不可控因素在

图 6-20 偏航扭缆开关内部触点

同一方向上持续偏航，而且使电缆扭缆度数超过扭缆开关极限角度时，则激活其内部的微动开关，使机组停止偏航，该信号有时也串入安全链中。偏航扭缆开关内部最上面的触点为零位触点，其主要作用为标记电缆顺缆时候的偏航角度。

七、机械制动机构

机组的安全保护系统通常由气动制动机构和机械制动机构来完成的，气动制动机构是大型风力发电机组的主要制动装置，机械制动机构是风力发电机组安全保护系统的辅助制动机构。对于定桨恒速机组，要求机械制动机构在气动制动故障情况下仍能够独立将脱网的风力发电机组制动，要求制动力矩足够大。变速恒频机组的机械制动机构主要是为了满足维护人员进入轮毂等的维护需要，只需要风轮怠速转动到完全停止的制动力。

机械制动机构由安装在传动系统上的制动圆盘与布置在四周的制动夹钳构成。制动夹钳是固定的，制动圆盘随着风轮一起转动。制动夹钳有一个预压的弹簧制动力，作为备用制动机构，变速恒频机组制动力只要求在额定负载下脱网时能够保证风力发电机组安全停机即可。但在正常停机情况下，液压力并不被完全释放，即在制动过程中只作用一部分弹簧力。为此，在液压系统中设置了一个特殊的减压阀和蓄能器，以保证在制动过程中不完全提供弹簧的制动力。为了保障该制动结构正常工作，且不影响机组正常运行，可通过调节制动夹钳上的调节螺杆来调节制动片与制动盘的间隙，如图 6-21 所示。

图 6-21　制动夹钳

调节螺杆

练 习 题

1. 风力发电机组的启机条件是什么？
2. 什么是风力发电机组桨距角的一次调整过程？
3. 什么是风力发电机组桨距角的二次调整过程？
4. 请叙述双馈变流器的并网动作过程。
5. 请叙述全功率变流器的并网动作过程。
6. 机组停机方式包括哪几种？它们之间存在什么区别？
7. 气动制动结构的工作原因以及作用是什么？
8. 有哪些停机操作？
9. 请叙述偏航系统的组成以及分类。
10. 请描述偏航计数器的种类以及区别。
11. 请叙述风力发电机组的对风控制过程。
12. 请叙述风力发电机组的解缆控制过程。
13. 什么是安全链？
14. 风力发电机组通常包括哪些关键保护节点？
15. 机组过转速时安全系统是如何触发保护动作的？

第七章　风力发电机组的并网控制技术

风电已经逐渐成为电力系统中的主力能源之一，未来的风力发电机组不仅要具有适应电网的能力，而且要具备支撑电网，乃至于参与构建局部电力系统的能力。而规范风电以各种形式接入电力系统的技术标准也在不断升级改进之中。

第一节　定桨恒速风力发电机组的并网过程

定桨恒速风力发电机组是早期百千瓦级并网型风电机组的主要形式，在我国累计装机量在 1 万台左右，对于该类型的风电机组，并网控制技术是整个电控系统的关键技术，它直接影响到风力发电机组传动系统的可靠性。

与传统的同步发电机并网相比，定桨恒速风力发电机组所选用的异步发电机不仅控制装置简单，而且并网后不会产生振荡和失步，运行非常稳定。然而，当异步发电机采用直接并网方式时，并网瞬间的冲击电流会达到发电机额定电流的 5～9 倍，这样大的冲击电流会造成并网瞬间电网电压的突然下跌，威胁电网的稳定和安全，对传动轴系也会产生很大的转矩振荡。

异步发电机的并网方式有降压并网、准同步并网和晶闸管软并网等。降压并网方式是在发电机与电网之间串联电抗器、电阻器或星三角起动器以减小并网冲击电流，在并网完成后使电抗器或电阻器退出运行，该方式适用于小容量风力发电机组的并网。采用双向晶闸管的软并网技术，可以使并网时的电流控制在 2 倍额定电流以内，因此可以大大降低并网时的冲击电流，延长风力发电机组的使用寿命和增强可靠性，目前大型的定桨恒速风力发电机组均采用这种并网工作方式。

一、软并网控制系统的结构

定桨恒速风力发电机组软并网控制系统的总体结构主要由触发电路、反并联晶闸管电路和异步发电机组成，如图 7-1 所示。

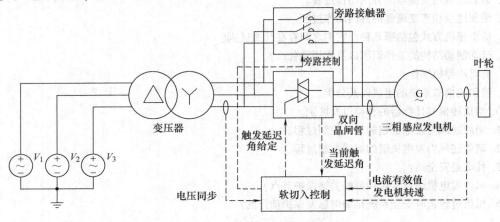

图 7-1　软并网控制系统的结构

风力发电机组软并网控制系统的主电路由三对反并联双向晶闸管及其保护电路组成，每一时刻至少有两个晶闸管同时导通，构成一个回路。

晶闸管用于软并网装置的优点：晶闸管用于软并网装置可消除电流浪涌冲击与峰值转矩冲击；晶闸管相当于无触点软开关，不存在接触不良与磨损、粘着及弹跳等问题；晶闸管导通角连续可调，无须辅助换相装置，软并网过程平稳，限流可靠。为提高晶闸管承受电压和电流冲击的能力，需要在晶闸管两端并联阻容吸收保护回路，以吸收换相过程中晶闸管两端可能产生的瞬间尖峰电压。

二、软并网控制系统的主电路分析

由电力电子学相关知识可知，由反并联晶闸管组成的交流调压电路的工作特性与负载特性有关，对于三相纯电阻负载，晶闸管触发延迟角 α 对输出三相电压的最大移相可控区域为 $0° \sim 150°$。对于电感性负载，由于电路中存在储能元件，电感产生的感应电动势会阻止电流的变化，在晶闸管电压过零点后，晶闸管不能立刻关断，而是经过一段延时后电流才会降为零，晶闸管需要经过一个延时角后才能关断。对于电阻、电感性负载，晶闸管触发延迟角 α 的可控区域与负载阻抗角 φ 有关。纯电阻和纯电感负

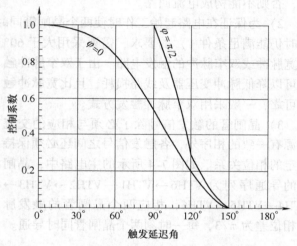

图 7-2　软切入的控制特性

载的触发延迟角 α 与幅值控制系数的关系如图 7-2 所示，在任何情况下，触发延迟角 α 不能控制在图中曲线的上方。

异步发电机不仅是典型的电阻 + 电感性负载，且其功率因数角（负载阻抗角）会随发电机转速的变化而变化，这样就进一步加大了电路分析的难度。为了便于分析，可对晶闸管和异步发电机进行简化，获取其等效电路模型，并在其等效电路模型的基础上分析其负载特性。

由异步电机的等效电路，可以计算得到阻抗角 φ 与转差率的关系，如图 7-3 所示，并以此作为软切入控制中的一个限制条件。需要注意的是，该计算仅考虑了工频下的电感，而在移相控制中，会存在大量的谐波，致使感抗增大，因而在控制上要考虑充分的裕度。

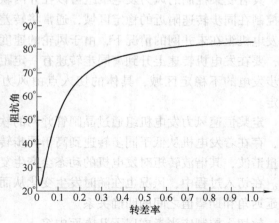

图 7-3　异步电机阻抗角与转差率之间的关系

三、软并网装置中晶闸管的触发方式

风力发电机组并网软切入采用晶闸管移相触发方式，通过改变晶闸管触发延迟角来改变输出端电压的有效值，输出电压可以从零到电源电压连续变化。该触发方案的优点是简单可靠，利用晶闸管的自然关断，无须辅助换相；缺点是电压谐波含量比较高，但由于软并网过程时间比较短，一般来说谐波对电网不会造成明显的影响。

由于主电路的对称性，每半个周期只需要三个彼此相差60°的移相触发信号。为保证三相反并联晶闸管正常工作，晶闸管移相触发电路需要满足以下条件：

1）三相电路中，任何时刻至少需要一相的正向晶闸管与另外一相的反向晶闸管同时导通，否则不能构成电流回路。

2）为保证在电路起始工作时使两个晶闸管同时导通，以及在感性负载与触发延迟角较大时仍能满足条件1）的要求，需要采用大于60°的宽脉冲或双窄脉冲的触发电路。由于双窄脉冲触发可以降低脉冲变压器及线路损耗，且比宽脉冲触发可靠，一般采用双窄脉冲触发方式。

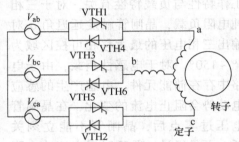

图7-4 软切入结构简图

3）晶闸管的触发信号除了必须与相应的交流电源有一致的相序外，各触发信号之间还必须保持一定的相位关系。如图7-4所示的主电路中，晶闸管的导通序列为 VTH6→VTH1→VTH2→VTH3→VTH4→VTH5→VTH6，相应两个晶闸管的触发脉冲相位差为 $\pi/3$，每一时刻两个晶闸管同时导通。

四、软切入的控制规律及其对电网的影响

异步发电机可采用晶闸管移相控制来实现并网软切入。根据异步发电机的特性，在接近发电机同步转速切入时，发电机从电网吸收的无功功率、切入电流和传动轴系的冲击转矩均处于最理想的状态。

具有变桨控制的风力发电机组可以在并网软切入动作执行前通过桨距角控制将发电机转速控制在同步转速附近的稳定区域，通常将转差率控制在 $|s| < 0.01$ 的范围内。定桨恒速风力发电机组在未并网的情况下，由于风轮的速度不可控，在考虑风轮惯性和加速度的情况下，要在发电机转速上升到离同步转速有一定距离时就执行软切入，以防止发电机过速进入异步发电的不稳定区域，具体的切入点由风力发电机组的主控制器根据风轮的加速度来确定。

定桨恒速风力发电机组通过晶闸管并网的软切入过程，不同于普通电动机的软起动器控制，存在着发电机从低于同步转速到高于同步转速的过渡过程。晶闸管在移相控制中会产生大量谐波，其谐波转矩对发电机的动态会产生复杂的影响，并且会造成一定程度的三相不平衡。在切入过程中，风况也在随时发生变化从而影响风轮和发电机的转矩，所以很难建立触发延迟角和期望值之间的明确关系。

软切入控制应当考虑以下几方面内容：

1）叶片特性，以分析风轮吸收的机械功率和气动阻力。

2）传动轴系的惯量、联轴器的刚度和传动链阻尼，以判断切入过程中风轮的加速度。

3）发电机在晶闸管移相控制作用下的动态响应。

4）接入点电压由于发电机接入动态响应而造成的波动。

5）其他的因素，如电网结构等。

软切入控制的主要任务有以下两项：

1）判断软切入起动时刻。

2）确定双向晶闸管的移相控制规律。

软切入控制主要评价指标有以下四项：

1）并网电流不超过额定电流的 2 倍。

2）并网电流过渡平滑，不对传动轴系产生过大冲击。

3）并网时间短。

4）发电机转速不产生明显过冲，并网完成后迅速进入稳定运行。

定桨恒速风力发电机组在现场正式运行前都要做一次短暂的电动起动以估算实际的传动链惯量，在并网软切入过程中，即以此惯量值来参与控制。风力发电机组控制器根据对下一瞬态发电机速度的判断、当前的导通角和电流状况来决定下一周期的移相触发延迟角。风力发电机组的并网软切入以减小冲击电流和传动轴系冲击转矩为目的，从实际情况来看，并网冲击电流可以保持在 2 倍额定电流以下。

对移相角的控制可采用电流内环、速度外环的控制方法，具体的控制实现框图如图 7-5 所示。移相角 α 的给定值是一个时变量，当发电机转速接近同步转速时，应在控制电流的同时使晶闸管快速达到充分导通以减小旁路接触器闭合时的合闸电流。

电流给定值对应的特性角度表示在此移相角 α 下，并网电流能迅速达到电流给定值，而后在此基础上进行一定程度的限流控制，这样可以缩短软切入过程的时间，该角度在实际应用中可设定在 120°左右。

由图 7-5 可以看出，软切入起动时的转速越低，表明当时风速越大，那么，在接近同步转速点时，为防止发电机过速，移相角充分打开的意愿也越强。

总之，移相控制在初期应以限制电流为主要目的，在后期则以促使晶闸管迅速导通为主要目的。

为更深入分析并网软切

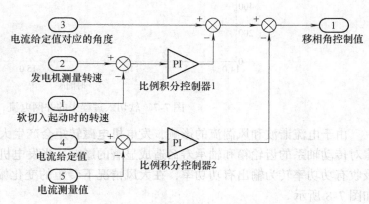

图 7-5　移相角控制框图

入的动态过程，可以借助 Matlab/Simulink 软件进行建模和动态仿真，模型结合了第三章中介绍过的风轮和两质块的柔性传动系统特性。下面是 WD49/750kW 定桨恒速风力发电机组在风速为 15m/s 并带有湍流影响下的并网软切入仿真结果，该机组的额定电流为 700A，额定转矩为 4900N·m。机组在 $t=14.15$ s 时开始软切入，在 $t=14.96$ s 时发电机达到同步转速，并起动旁路接触器。

图 7-6、图 7-7 所示的是切入过程中的移相触发延迟角和并网电流，可见在满负载情况下，过渡电流小于 2 倍额定电流，在旁路接触器闭合时也未有大的电流波动。

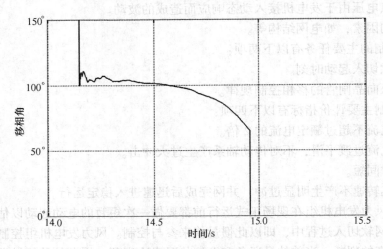

图 7-6 移相角变化过程

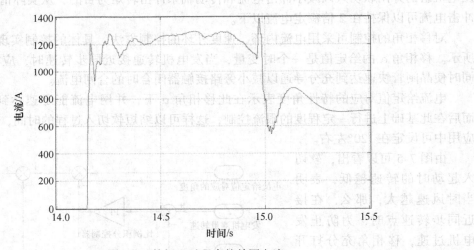

图 7-7 软切入过程中的并网电流

由于电流谐波和风湍流的影响，发电机电磁转矩会产生大量的脉动，是不可避免的，这将对传动轴系的齿轮箱和轴承寿命造成显著的影响。当发电机在同步转速合闸时，发电机由吸收有功功率转为输出有功功率，在大风情况下转矩的变化幅度可能达到 2 倍的额定转矩，如图 7-8 所示。

以上仿真结果是在三相电压平衡的情况下获得的，而在现场运行中，三相电压的不平衡是很常见的。在不平衡的三相电压作用下，将增强软切入过程和并网运行中传动轴系的振动，其振动的特征频率为 2 倍的电网频率。

在对定桨恒速风力发电机组传动轴系的主要部件进行改型设计或电网传输参数有很大改变时，都应在数学模型的基础上，进行计算验证以判定是否需要调整控制算法，而后在现场的机组上进行现场测试。

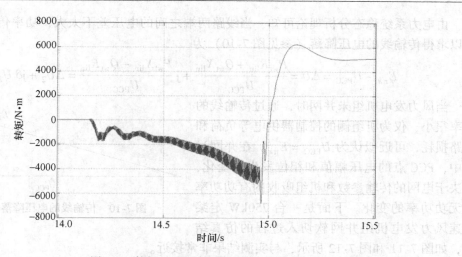

图 7-8　软切入过程中的发电机电磁转矩

现场运行的机组在软切入控制参数设定不正确的情况下，可能在旁路接触器合闸时出现严重的转矩尖峰或持续几百毫秒的大幅度转矩振荡，这对于传动轴系的机械设备而言是严峻的考验。在设计、制造、安装或运行不当的情况下，容易造成齿面与轴承滚子损伤、表面剥落或联轴器损坏。

五、并网软切入对电网的影响

在晶闸管的移相控制过程中，将造成大量的谐波污染。由于风力发电机组并网的时间很短，在局部地区风电占总电网容量很小时不会对电网造成明显影响。但当采用并网软切入的风力发电机组大量接入脆弱的电网系统时，必须考虑谐波对系统的危害。

就机组本身而言，谐波主要对补偿电容器和电容接触器的影响比较大。当机组处于软切入过程中时，不允许补偿电容器组投入，只有在软切入完成后才投入电容器组进行功率因数补偿。但是，在谐波电压污染严重的风电场中，正常工作的电容器组也会由于其对谐波电流的放大作用而导致过载，情况严重的话，就需要考虑在补偿电容器回路加装调谐电抗器。

在并网软切入过程中，由于异步发电机从电网吸收无功功率作为励磁能量，将拉低接入点电压，切入结束后，由于补偿电容器的投入和机组发出有功功率的增加，将带动接入点电压回升。

图 7-9 是包含风电力发机组的电力系统等效简化传输模型。其中，E_{nw} 为远端电源，R_{lin} 和 X_{lin} 为传输线路的电阻和电抗，P_{wt} 和 Q_{wt} 为风力发电机组向电力系统输送的有功和无功功率，U_{PCC} 为机组接入点（PCC）的电压。在机组并网过程中，由

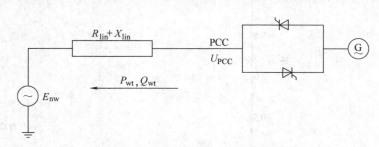

图 7-9　等效简化传输模型

于线路传输的有功功率和无功功率是变化的，造成了机组接入点的电压也是变化的。

由电力系统稳态分析理论可知，当线路两端之间的电压差不太大，功率传输角较小时，可以求得传输线的电压降落（参见图 7-10）为

$$E_{nw} - U_{PCC} = \Delta U = \frac{P_{wt}R_{lin} + Q_{wt}X_{lin}}{U_{PCC}} + j\frac{P_{wt}X_{lin} - Q_{wt}R_{lin}}{U_{PCC}} = \Delta U_2 + j\delta U_2 \qquad (7-1)$$

当风力发电机组未并网时，通过传输线的功率很小，仅为机组侧的控制器供电等负荷和线路损耗，可近似认为 $U_{PCC} = E_{nw}$。在并网过程中，PCC 点的电压幅值和相位发生的变化，取决于电网的传输参数和机组吸收的有功功率和无功功率的变化。下面是一台 750kW 定桨恒速风力发电机组并网软切入过程的仿真结果，如图 7-11 和图 7-12 所示，与实测结果非常接近。

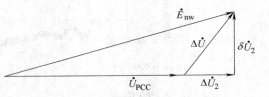

图 7-10　传输线的电压降落向量图

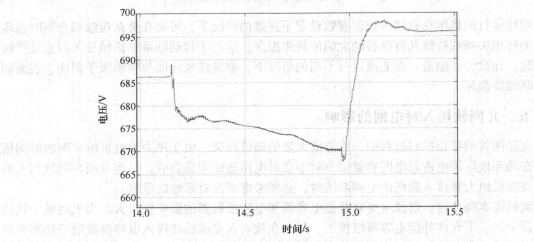

图 7-11　机组接入点的线电压有效值

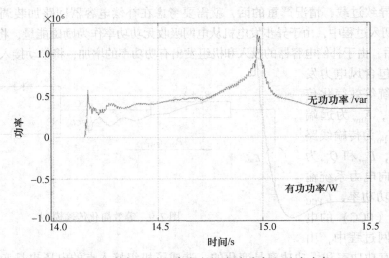

图 7-12　软切入过程中发电机有功功率和无功功率

在图 7-11 中，接入点电压跌落以及从跌落到回升的幅值和相位波动由无功功率变化、接入点的电网短路容量比 SCR 和线路等效电路的阻抗比 X/R 决定。短路容量比越大，也即风力发电设备容量占系统容量的成分越少时，系统的稳定性越好。

$$SCR = \frac{S_{sc}}{S_{gen}}$$ (7-2)

式中，S_{sc} 为机组接入点短路容量；S_{gen} 为机组视在容量。

第二节　变速恒频风力发电机组的并网过程

一、双馈式风力发电机组的并网过程

双馈式异步风力发电机组的结构如图 7-13 所示。

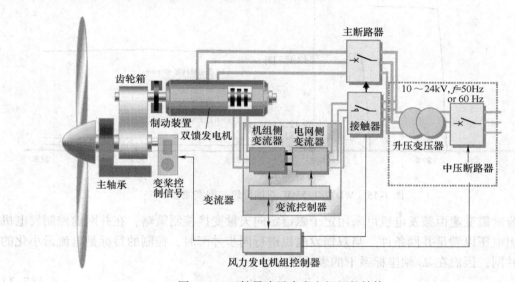

图 7-13　双馈异步风力发电机组的结构

双馈异步风力发电机组可以实现无冲击并网。首先，机组在自检正常的情况下，风轮处于自由运动状态，当风速满足起动条件且风轮正对风向时，变桨执行机构驱动桨叶至最佳桨距角。然后，风轮带动发电机转动至切入转速，变桨机构不断调整桨距角，将发电机空载转速保持在切入转速上。此时，如风力发电机组主控制器认为一切就绪，则发出命令给双馈变流器，使之执行并网操作。

如图 7-14 所示，变流器在得到并网命令后，首先以预充

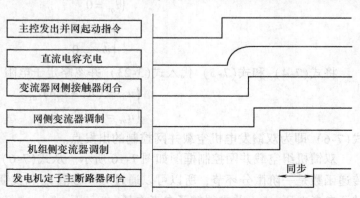

图 7-14　双馈异步风力发电机组并网起动过程

137

电回路对直流母线进行限流充电，在电容电压提升至一定程度后，电网侧变流器进行调制，建立稳定的直流母线电压，而后机组侧变流器进行调制。在基本稳定的发电机转速下，通过机组侧变流器对励磁电流大小、相位和频率的控制，使发电机定子空载电压的大小、相位和频率与电网电压的大小、相位和频率严格对应，在这样的条件下闭合主断路器或主接触器，实现准同步并网。

由于双馈发电机组的并网方式类似于传统的同步发电机组，并网电流很小，也即在并网过程中对传动轴系的机械冲击也很小。根据1.5MW双馈机组实测数据，如图7-15所示，其并网电流一般小于30A。

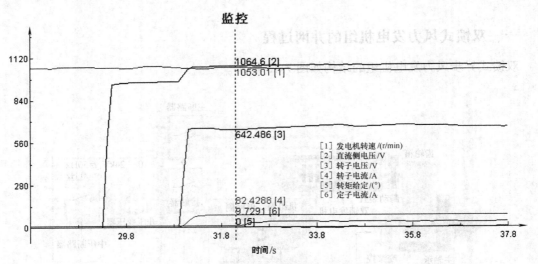

图7-15　WD77/1.5MW 双馈机组并网实测波形

交流励磁变速恒频发电机可采用定子磁链定向矢量变换控制策略，在并网前控制发电机定子输出电压以满足并网条件。当双馈发电机进行同步并网时，控制的目标是电流最小化的零功率并网，因而在 dq 轴坐标系下的表述即为

$$i_{ds} = i_{qs} = 0 \tag{7-3}$$

于是，第三章中的式（3-24）和式（3-25）可改写为

$$\begin{cases} \psi_{ds} = -L_{m}i_{dr} \\ i_{qr} = 0 \end{cases} \tag{7-4}$$

$$\begin{cases} \psi_{dr} = L_{r}i_{dr} \\ \psi_{qr} = 0 \end{cases} \tag{7-5}$$

将式（7-4）和式（7-5）代入式（3-23）并忽略定子电阻，即可得

$$\begin{cases} u_{dr} = (R_{r} + L_{r}p)i_{dr} \\ u_{qr} = \omega_{s}L_{r}i_{dr} \end{cases} \tag{7-6}$$

式（7-6）即为双馈发电机空载并网控制的出发点。

双馈机组空载并网控制框图如图7-16所示。从式（7-6）的第一式可知，u_{dr} 和 i_{dr} 之间的传递函数是一阶微分环节，所以可以通过对参考值 i_{dr}^{*} 和反馈值 i_{dr} 的误差进行 PI 调节而求得转子参考电压 u_{dr}^{*}，并求得转子参考电压 u_{qr}^{*}。而 u_{dr}^{*}、u_{qr}^{*} 经过坐标变换，可得到转子三相电

压参考信号 u_{ar}^*、u_{br}^*、u_{cr}^*，作为双 PWM 变流器的控制指令，控制转子的交流励磁电流，使发电机输出符合并网要求的定子电压。

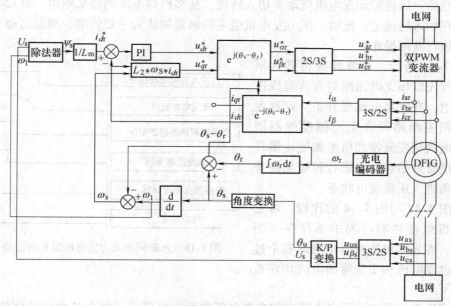

图 7-16　双馈机组空载并网控制框图

二、全馈式风力发电机组的并网过程

全馈式风力发电机组最主要的特征是发电机输出的所有功率都经变流器馈送给电网，在驱动方式上可以分为风轮直接驱动低速发电机或者风轮经增速齿轮箱驱动高速发电机两种。发电机的类型可以分为电励磁同步电机、永磁同步电机或者笼型异步发电机。国内最常见的全馈式风力发电机组为采用低速永磁同步发电机的永磁直驱机组，其结构如图 7-17 所示。

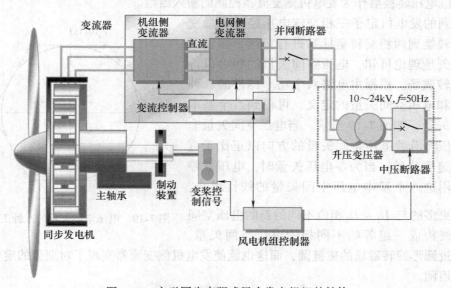

图 7-17　永磁同步直驱式风力发电机组的结构

永磁同步风力发电机组也可以实现无冲击并网。首先，机组在自检正常的情况下，风轮处于自由运动状态，当风速满足起动条件且风轮正对风向时，变桨执行机构驱动桨叶至最佳桨距角。然后，风轮带动发电机转动至切入转速，变桨机构不断调整桨距角，将发电机空载转速保持在切入转速上。此时，风力发电机组主控制器如认为一切就绪，则发出命令给变流器，使之执行并网操作。

如图 7-18 所示，变流器在得到并网命令后，首先以预充电回路对直流母线进行限流充电，在电容电压提升至一定程度后，电网侧主断路器和定子侧接触器闭合，而后电网侧变流器和机组侧变流器开始调制，接着开始对机组进行转矩加载并调整桨距角进入正常发电状态。

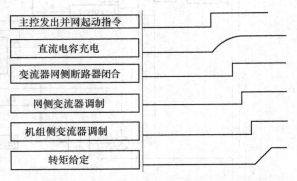

图 7-18　永磁同步风力发电机组并网起动过程

通过图 7-18 与图 7-14 的比较，可见永磁同步机组在并网过程中不存在"同步"阶段，在发电机连接到电网的整个过程中，通过发电机和变流器的电流均在系统控制之下。

双馈式机组的同步化是以电网三相交流电压和发电机定子三相交流电压的幅值、频率、相位、相序的吻合来实现的，这个过程需要通过控制发电机的多变量、非线性机电系统来实现，因而具有一定的难度。

永磁同步机组的全功率变换是通过发电机侧变流器对发电机三相交流空载电压的追随来实现的，在其动态过程中，变流器直流侧的电压保持恒定，因为电力电子器件的控制速度相对于发电机的机械变化速度而言要快得多，所以要实现电压的恒定是非常容易而迅速的，相当于 PWM 控制将稳定的直流电压逆变为某一特定的三相交流电压，可以直接将测量到的定子三相交流电压转换后作为发电机侧变流器控制的输入给定。

测量到的发电机定子三相交流电压经过矢量变换后可以转换到两相旋转坐标系进行解耦，而根据基本电压矢量理论可知，电压空间矢量的和可以得到圆形旋转磁场。根据主电路六个功率器件的八种开关状态和电压空间矢量的定义，可得到八个基本电压空间矢量，如图 7-19 所示。当电压空间矢量非零时，电压将沿着电压空间矢量的方向以正比于直流电压的速度移动；当为零电压矢量时，电压就停下来。利用这八个基本电压空间矢量的线性组合，

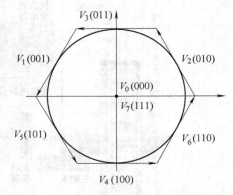

图 7-19　电压空间矢量的八种工作状态

可以合成更多的与 $\dot{U}_1 \sim \dot{U}_6$ 相位不同的新的电压空间矢量，最终构成一组等幅不同相的电压空间矢量，尽可能逼近圆形旋转磁场的磁链圆，而这也就使发电机侧变流器实现了对期望的定子三相交流电压的追随。

在并网启动指令发出到转矩加载的过程中，机组应通过变桨执行机构的调节作用使发电机转速基本稳定，这样发电机定子端电压的相位、频率和幅值也就保持了基本稳定。

全功率变换方式的风力发电机组，其并网方式大致是相同的，但值得指出的是，当发电机转子采用永磁体或者电励磁时，在风轮旋转而未并网的阶段，发电机定子端是有电压的，当发电机为异步笼型发电机时，该状态下发电机定子是没有电压的，在机组并网时需要考虑限流设置。

第三节　风力发电机组的电网适应性控制

一、故障电压穿越控制

（一）需求来源

1. 低电压穿越

风力发电机组的低电压穿越（LVRT）能力是指机端电压跌落到一定值的情况下风力发电机组能够维持并网运行的能力。电网系统因瞬态短路而引起的电压暂降在实际运行中是经常出现的，而其中绝大多数故障在继电保护装置的控制下在短暂的时间内能自动恢复，即重合闸。在这短暂的时间内，电网电压大幅度下降，风力发电机组必须在极短时间内发出无功功率来调整电网电压，以保证风力发电机组不脱网，避免出现局部电网内风力发电机组大量脱网而导致系统内有功功率达不到额定值。

针对该问题，欧美各国均在电网规约中提出了各自适用于风力发电机组的低电压穿越要求。我国现行的标准《风电场接入电力系统技术规定》（GB/T19963—2011）对低电压穿越能力的要求如图 7-20 所示，基本内容为：

1）风电场并网点（机端）电压跌至 20% 额定电压时，风电场内的风力发电机组应保证不脱网连续运行 625ms。

2）风电场并网点（机端）电压在发生跌落后 2s 内能够恢复到额定电压的 90% 时，风电场内的风力发电机组保持不脱网连续运行。

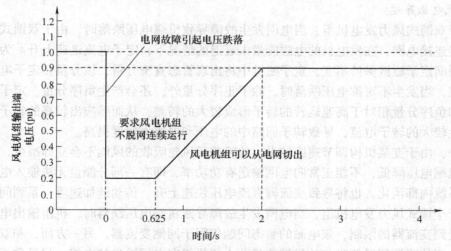

图 7-20　GB/T 19963—2011 对低电压穿越能力的要求

对于总装机容量在百万千瓦规模及以上的风电场群，当电力系统发生三相短路故障引起电压跌落时，每个风电场在低电压穿越过程中应具有以下的动态无功支撑能力：

1）当风电场并网点电压处于额定电压的20%～90%区间内时，风电场应能够通过注入无功电流支撑电压恢复；自并网点电压跌落出现的时刻起，动态无功电流控制的响应时间应≤75ms，持续时间应≥550ms。

2）风电场注入电力系统的无功电流 $I_T \geq 1.5 \times (0.9 - U_T) I_N$，（$0.2 \leq U_T \leq 0.9$），式中，$U_T$ 为风电场并网点电压标幺值；I_N 为风电场额定电流。

2. 高电压穿越

风力发电机组的高电压穿越（HVRT）能力是指机端电压骤升到一定值的情况下风力发电机组能够维持并网运行的能力。风力发电机组在现场可能遇到的电压骤升有以下几种原因所致，其一为上级线路出现单相接地故障；其二为在低电压穿越过程中，大量无功功率被投入以支撑电网电压，但在电压恢复后，无功功率未及时撤除；其三为风电基地在借助长距离输电进行消纳的情况下，当输电线路或换流站出现故障而被切除时，送电端的风电基地区域出现暂态的有功和无功功率过剩。

针对上述问题，澳大利亚已在全球率先提出了电网对于电气设备的高电压穿越要求，如图7-21所示，欧美主流的电力运营商和联盟也根据自身电网情况，提出了各自的高电压穿越要求。由于我国的风力资源集中于"三北"地区，风电借助特高压交直流输电工程进行大容量远距离输送，因此为保证系统稳定性，在局部地区对风电提出高电压穿越要求已势在必行，具体要求已经在起草中，针对各类机型也已开展了研究性的现场测试。

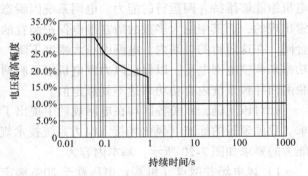

图7-21　澳大利亚电网规约中的高电压穿越要求

（二）设备响应

1. 低电压穿越

对于双馈式风力发电机组，当电网发生故障导致机端电压跌落时，由于双馈式机组的发电机直接连接电网，在发电机的电磁能量未衰退的情况下，定子电流迅速上升。为维持故障发生后瞬间定子磁链保持不变，定子磁链中将出现暂态直流分量，该分量在定子电阻作用下逐渐衰减，当发生不对称电压跌落时，除了正序分量外，还会产生负序分量。定子磁链的直流分量和负序分量相对于高速运转的转子形成较大的转差，从而感应出较高的转子电动势并由此产生较大的转子电流，导致转子回路中的电压和电流大幅度提高。

此外，由于变桨机构调节速度较慢，故障前后风轮吸收的风能不会立即减少，而发电机组由于机端电压降低，不能正常向电网输送有功功率，即有一部分能量无法输入电网，这些能量由系统内部消化，也将导致变流器直流电压快速上升、传动链加速等一系列问题。

对于全馈式风力发电机组，当电网发生故障导致机端电压跌落时，机组输出电流立即增大，但受到变流器的限制，该电磁的暂态问题仅限于网侧变流器。另一方面，和双馈式机组一样，由于故障期间风轮吸收的机械能显著大于机组向电网输送的电能，将导致直流电压快速上升和风轮转速上升。根据以上分析可知，在低电压穿越暂态过程中两种类型的风力发电机组所受的影响相似，而双馈风力发电机组在低电压穿越期间的特性较直驱型风力发电机组复杂。对于机组而言，除了主功率回路的变流器和发电机以外，其他电气元件和系统也需要对电压的跌落与恢复过程具有适应能力。

为克服暂态问题，在传统设计中双馈式机组借助转子侧的直流泄放保护（Crowbar）回路在电压跌落的暂态投入工作，来吸收瞬间的电磁冲击能量。但该方案难以实现快速输出无功支持电网运行的目的，商业化的双馈式和全馈式风力发电机组通常其变流器都在直流环节配备了泄放保护电路（Chopper），两种结构如图 7-22 和图 7-23 所示。在电压跌落和恢复的瞬间，保护电路吸收电磁冲击能量，在其余时间内

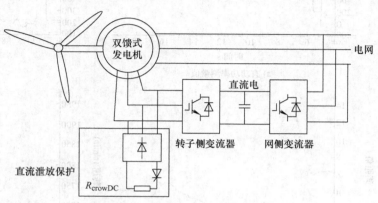

图 7-22　配备 Crowbar 的双馈式机组

变流器根据测量的机端电压计算发电机定转子的磁链情况，并在正负序分解后进行适应性的补偿和控制，最终达到在整个故障穿越过程中，变流器始终受控的效果。在上述过程中，最关键的因素是对机端电压快速而精准的检测和分析。

为了解决能量平衡性问题，则必须有机组主控制系统参与工作，整个过程的现场实测数据如图 7-24 所示。

电压跌落之前，风力发电机组以跟踪预设工作曲线的方式运行（第三章中所陈述的变速恒频机组的转矩 – 转速关系）。在图 7-24a 中的 A 时刻电压发生跌落，风力发电机组的主

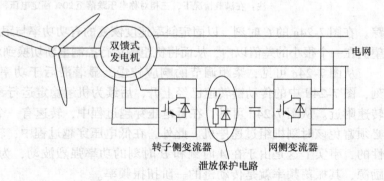

图 7-23　配备 Chopper 的双馈式机组

控制系统和变流器都能监测到电压跌落，变流器感知到电压跌落后发送信号给主控制系统确认情况，并且主动发出容性无功功率支持电网运行，主控制系统确认电压跌落后，在转矩和变桨控制时不再执行工作曲线跟踪，允许变流器根据电压跌落的情况和预设要求执行有功功率和无功功率输出，同时根据电压跌落、当前风速和桨距角的情况推算短时风轮吸收的机械功率和输出的电功率之间的能量差，从而控制桨距角迅速增大，降低风轮吸收的机械功率。在图 7-24a 的 B 时刻电网电压恢复，变流器感知到电压恢复后发送信号给主控制系统确认情况，主控系统确认电压恢复后，重新建立对变流器的控制权，根据当前的机组情况以固定斜率的速度（本次测试中为 0.3pu/s）恢复有功功率，此时也不执行对工作曲线的跟

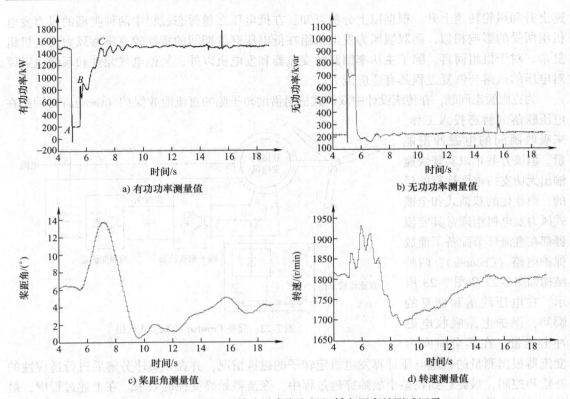

图 7-24 1.5MW 双馈式风力发电机组低电压穿越测试记录
注：在满载情况下，三相对称电压跌落至 20% 额定电压，持续 625ms。

踪。在图 7-24a 的 C 时刻，以固定斜率速度恢复的有功功率与跟踪工作曲线的有功功率计算期望值在一个很小的差值以内，从而将机组的运行控制重新切换到对工作曲线跟踪的模式上来。

从图 7-24c 可见，桨距调节的响应较慢，显著滞后于功率的变化，由于电压恢复的时刻，图 7-24d 中的传动链转速已经上升，后续为机组稳定运行考虑，需要将转速回调到额定转速附近。从图 7-24d 可见，在低电压穿越过程中，转速有一个高峰值，在进行控制设计时必须避免该时刻机组过速停机。此外，在低电压穿越过程中，转速的变化是有一定的振荡特性的，事实上这是由于在 A 时刻和 B 时刻的功率强烈波动，为传动链的扭转振荡提供了激励源，其振荡频率就是传动链的一阶扭振频率。

2. 高电压穿越

对于双馈式风力发电机组，当机端电压骤升时，由于定子电流立即增大，与此同时，转子开路电压也呈近似比例的立即上升，而当机端电压为不对称上升时，定子磁链中除有正序分量外还将产生负序分量和直流分量，与低电压穿越的情况类似，这将进一步加大转子电压上升的幅度。

进而，针对双馈式机组在电压骤升时的暂态，假设在 $t = t_0$ 时刻，电网电压对称骤升，相应的定子电压矢量方程为

$$V_\mathrm{s} = V_\mathrm{se}\mathrm{e}^{\mathrm{j}\omega_\mathrm{s}t}, \ t < t_0 \tag{7-7}$$

$$V_\mathrm{s} = V_\mathrm{s}\mathrm{e}^{\mathrm{j}\omega_\mathrm{s}t} = V_\mathrm{se}\mathrm{e}^{\mathrm{j}\omega_\mathrm{s}t} + pV_\mathrm{se}\mathrm{e}^{\mathrm{j}\omega_\mathrm{s}t}, \ t < t_0 \tag{7-8}$$

式中，p 为机端电压的骤升度，$p = (V_\mathrm{s} - V_\mathrm{se})/V_\mathrm{se}$ 根据定子磁链基本方程可知

$$\frac{\mathrm{d}\psi_s}{\mathrm{d}t} = V_s - \frac{R_s}{L_s}\psi_s \tag{7-9}$$

那么，在机端电压骤升过程中，定子磁链方程为

$$\psi_s = (1+p)\frac{V_{se}}{\mathrm{j}\omega_s}\mathrm{e}^{\mathrm{j}\omega_s t} - p\frac{V_{se}}{\mathrm{j}\omega_s}\mathrm{e}^{\mathrm{j}\omega_{s0}t}\mathrm{e}^{-\frac{t-t_0}{\tau}}, \quad t > t_0 \tag{7-10}$$

式中，τ 为发电机定子的电磁时间常数，$\tau = L_s/R_s$。

由此，当电网电压骤升时，定子磁链可分解为强制磁链和自然磁链。强制磁链由电网电压 $V_s = (1+p)V_{se}$ 决定，并且以同步角速度 ω_s 旋转；自然磁链是为确保电网电压故障下发电机磁链连续的瞬态分量，自然磁链幅值衰减且不旋转。

当电网电压骤升时，相应的转子开路电压（忽略 $1/\tau$ 项），近似为

$$V_{r0} = \frac{L_m}{L_s}[s(1+p)V_{se}\mathrm{e}^{\mathrm{j}\omega_s t} + (1-s)pV_{se}\mathrm{e}^{\mathrm{j}\omega_{s0}t}\mathrm{e}^{-\frac{t-t_0}{\tau}}], \quad t > t_0 \tag{7-11}$$

当以次同步转速 1200r/min 运行时（$s = 0.2$），若电网电压对称骤升至 1.3pu，则发电机转子开路电压的最大值为

$$V_{r0max} = \frac{L_m}{L_s}[s(1+p)(1-s)p]V_{se} = 0.5\frac{L_m}{L_s}V_{se}, \quad t > t_0 \tag{7-12}$$

当以超同步转速 1800r/min 运行时（$s = -0.2$），若电网电压对称骤升至 1.3pu，则发电机转子开路电压的最大值为

$$V_{r0max} = \frac{L_m}{L_s}[-s(1+p) + (1-s)p]V_{se} = 0.62\frac{L_m}{L_s}V_{se}, \quad t > t_0 \tag{7-13}$$

即发电机超同步运行时，同等转差下，转子开路电压的最大值比次同步运行时的转子开路电压的最大值大 24%。

双馈发电机以超同步转速 1800r/min 运行时（$s = -0.2$），若电网电压对称跌落至 0.7pu，则发电机转子开路电压的最大值为

$$V_{r0max} = \frac{L_m}{L_s}[-s(1-m) + (1-s)m]V_{se} = 0.5\frac{L_m}{L_s}V_{se}, \quad t > t_0 \tag{7-14}$$

式中，$m = (V_{se} - V_s)/V_{se}$，为电网电压跌落度。

即发电机以超同步运行时，电压对称骤升和跌落相同当量（0.3pu）时，电压骤升的转子开路电压比电网电压跌落时的转子开路电压大 24%。

显然，对于双馈式风力发电机组，在机端电压骤升时，转子侧变流器承受了比低电压穿越时更大的压力。对于全馈式风力发电机组，当机端电压骤升时，机组输出电流立即上升，但由于受到变流器的限制，所以该电磁暂态的问题仅限于网侧变流器。

由于暂态高电压时，机组对电网的能量输送是顺畅的，因而不存在能量差的问题，所以机组实现高电压穿越功能的关键只在于对电磁暂态量的处理。

双馈式和全馈式风力发电机组都是通过升压变压器接入电网的，而电压骤升的故障源对具体的风力发电机组而言都被认为是"远端"，也即机组输出端和故障源之间是存在阻抗的，最为直观的阻抗就是升压变压器和传输线路产生的，主要表现为感抗。根据式(7-1)的分析可知，当机组对电网注入感性无功功率时可以"拉低"电网电压，"拉低"的幅度则与注入的感性无功量、机组并网点的短路容量、线路的阻抗比有关。

从如图7-25所示的现场实测情况来看，当机组满载运行，在电压变压器高压侧电压骤升到1.3pu额定电压时，注入0.9pu感性无功功率后，机端的690V侧电压被"拉低"到约1.2pu额定电压，显然这样的电压使机组承受的压力大为缓解，但这也说明在高电压穿越时需要注入的感性无功量是非常大的。双馈式机组的无功功率主要通过发电机定子输出，

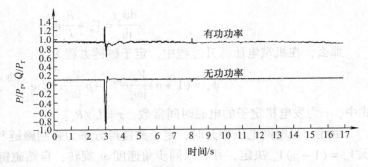

图7-25 双馈式风力发电机组高电压穿越测试过程中的有功功率和无功功率

注：在满载情况下，三相对称电压提升至130%额定电压，持续100ms。

而全馈式机组的无功功率靠网侧变流器输出，显然双馈式机组的短时无功能力强于全馈式机组，而根据欧美各国的电网规约以及我国正在起草的标准草案要求，在高电压穿越期间，风力发电机组输出的有功功率是不能下降的，这样就要求机组具有比较强的电流过载能力。

在电压发生骤升的时刻，变流器感知到电压升高后发送信号给主控制系统，同时主动发出感性无功功率，以"拉低"机端的电网电压，主控制系统确认电压升高后，允许变流器执行感性无功功率输出，同时禁止机组不必要的设备启动，并且提高机组安全保护监视的敏感性；当变流器感知到电压恢复正常后，主动撤除感性无功功率输出，并且发送信号给主控制系统，主控制系统确认电压恢复后，机组恢复到原有的运行状态。在高电压穿越过程中，机组在有功功率控制方面持续保持对预设工作曲线的跟踪运行，不改变转矩和桨距角的控制模式。

高电压穿越和低电压穿越非常重要的差别在于低电压穿越没有机组安全性的问题。低电压穿越失败只可能导致机组停机，不影响风力发电机组的保护系统功能，但暂态的高电压则可能超过电气部件的承受能力，即便是与风力发电机组安全保护系统相关的电气部件也同样存在失效的可能，而这样的风险如果不能得到有效的评估并采用特殊的设计进行规避，则机组在承受过高的暂态电压冲击时，将存在重大的运行安全隐患，严重时可能导致飞车和倒塔。

二、惯量响应和一次调频控制

（一）需求来源

在风力发电发展的初期，风力发电多采用定速的笼型异步感应电机，这类风力发电机的特点是定子绕组直接与电网连接，因此具有与常规发电机类似的调频特性，但随着技术的发展，采用笼型异步发电机的定桨恒速型风电机组已经不是市场的主流。

变速恒频风力发电机组采用磁场定向的矢量变换控制技术，通过调节变频器各分量电流和电压，实现了发电机有功功率和无功功率的解耦控制。正是由于这种不同于常规的同步发电机和定速风机的控制系统，使得风力发电机组的机械功率与系统电磁功率解耦、转子转速与系统频率解耦，因此丧失了对系统频率变化的响应能力，即其旋转动能对系统惯量几乎无贡献，自然也无法具备类似同步发电机的惯量特性和一次调频能力。故当系统中风电接入的比例增大时，势必会相对降低整个系统的总惯量和调频能力，当系统中出现功率失衡时，频率变化速率将变快，频率偏差也会更大，从而降低了整个系统的稳定性。

为了更好地保证风电并网后系统的安全稳定运行，许多国家在其电网导则中已经对风电参与电力系统调频有了较为明确的要求和规定。比如，德国电力运营商 Tennet 于 2012 年提出当发电单元的容量大于 100MW 时，必须具备一次调频能力，加拿大魁北克水电公司于 2009 年提出，所有大于 10MW 容量的风力发电单元必须配备频率控制系统，在短期频率有偏差时，能在 10s 内至少以增量 5% 的有功功率支持电网运行。

使变速恒频风力发电机组参与系统频率的调节已成为一项重要而迫切的任务，是未来风力发电大规模并网应用，尤其是风电在电力系统中占到一定比例时亟待解决的问题。国外电力运营商和设备厂商近年来在此方面都进行了大量的工作，在风电高比例接入电力系统的运行场景下，风电积极参与电网频率调节能实现对频率稳定的正面作用，这已经成为业界共识。图 7-26 为美国可再生能源实验室的研究成果，显示出风电对电网的频率支持可以有效地提高电网事故中频率的最低点，风电的频率支持对电网频率的变化会产生显著的影响，该结论对于我国风电接入电力系统的运行现状也有很好的参考意义。

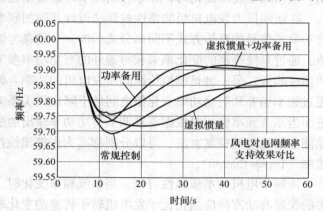

图 7-26　风电对电力系统的频率支持作用
（风电在系统中占比为 15%）

因此，为了风电的进一步发展，以及风电机组在电网中的友好融合，研究变速风电机组的频率控制问题具有重要的现实意义。近年来，国内设备厂商和中国电力科学研究院等科研机构在风电参与电网调频的理论与实践方面开展了大量研究工作，组织了多次单台风力发电机组的调频能力研究性测试，目前整个风电场甚至风电场群的调频能力也正在深入地研究和试验探索中。

（二）设备响应

1. 虚拟惯量

风力发电机组本身就具有很大的旋转动能，因而具有很大的机械惯性能量储存，只是一直以来没有得到有效的利用。

当转速为 ω_0 时，同步发电机转子具有的初始动能为

$$E_0 = \frac{1}{2}J\omega_0^2 \qquad (7\text{-}15)$$

式中，J 为发电机组的转动惯量。当转子转速从 ω_0 变化到 ω_1 时，同步发电机组转子释放或吸收的动能为

$$\Delta E = \frac{1}{2}J(\omega_0^2 - \omega_1^2) = E_0\left(1 - \frac{\omega_1^2}{\omega_0^2}\right) \qquad (7\text{-}16)$$

因而，同步发电机组转子转速变化所引起的机组输出电功率的变化 ΔP 为

$$\Delta P = \frac{\mathrm{d}E}{\mathrm{d}t} = \frac{\mathrm{d}\left(\frac{1}{2}J\omega^2\right)}{\mathrm{d}t} = J\omega\,\frac{\mathrm{d}\omega}{\mathrm{d}t} \qquad (7\text{-}17)$$

因此，当变速恒频风力发电机组按照上述方式改变所输出的电磁功率时，也可以模拟出与同步发电机一样的转动惯量，对系统频率提供动态支持，由于同步发电机的转速和电频率严格保持一致，那么转速的变化率也可以等效为频率的变化率。

从转子动能控制原理可知，在风力发电机组转子侧变换器控制系统中的有功功率参考值上增加一个与系统频率相关联的额外有功功率值，可对原来的功率控制环节进行修正，使得风力发电机组可在较短的反应时间内调整其有功功率的输出量，即对系统频率具有了有效的响应。当系统频率保持在其额定值且不发生变化时，该附加的频率控制环节将不起任何作用。而当频率发生变化时，频率控制环节开始根据控制需求来动作。

在运用风力发电机组的惯性控制法设计其附加频率控制环节时，通常可以根据获得额外有功参考信号的具体方式不同而分成两类。一是参考惯性响应实现的基本原理来设计控制环节，通过系统频率的变化率来获得额外的有功功率参考信号，从而使风力发电机组具有虚拟的惯性响应；另一种是模拟传统同步发电机的功率 – 频率下降特性来设计频率控制环节，即通过频率偏差和有功功率变化值之间的下降比例关系来获得所需的额外有功功率参考信号，进而当系统频率变化时根据需求调节有功功率输出的变化量。为了便于区分这两种基于转子动能控制思想的控制方法，可以分别称其为虚拟惯性控制（Artificial Inertial Control）和下垂控制（Droop Control）。

由同步电机的本质属性可知，当系统频率变化时，系统中各同步电机的转动惯量所能获得的快速有功支持应当正比于发电机转子转速的变化率，也即系统频率的变化率。因此，运用虚拟惯性控制法所获得的额外有功功率参考信号 ΔP 正比于系统频率变化率，即

$$\Delta P = -\frac{\tau_1}{f_N}\frac{df}{dt}P_N \qquad (7\text{-}18)$$

式中，T_J 为虚拟同步机的惯性时间常数

$$T_J = \frac{J\omega^2}{P_N} \qquad (7\text{-}19)$$

在实际控制中，可通过在常规控制中增加 ΔP 来实现，如图 7-27 所示。

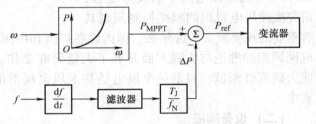

图 7-27　虚拟惯量控制框图

实际的工作运行曲线如图 7-28 所示，当电网频率下降时，风力发电机组短时增大输出电功率，在此情况下，由于风轮吸收的机械功率不足，风轮转速下降，当功率支持完成后，输出的电功率下降，在风轮吸收的机械功率大于输出电功率情况下，转速重新上升，回到原有的稳定工作点。

图 7-29 为风电机组模拟 $T_J = 7s$ 的同步机组运行效果。

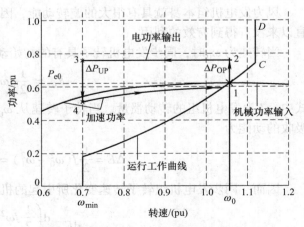

图 7-28　惯量支持过程中的机组运行轨迹

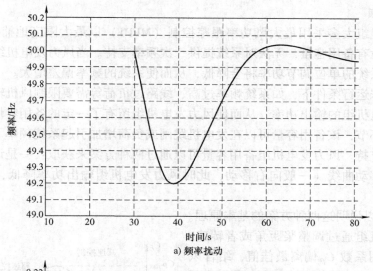

a) 频率扰动

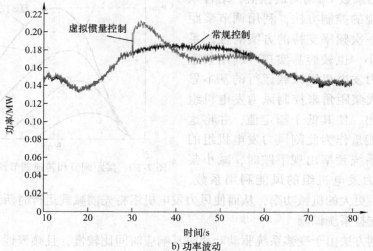

b) 功率波动

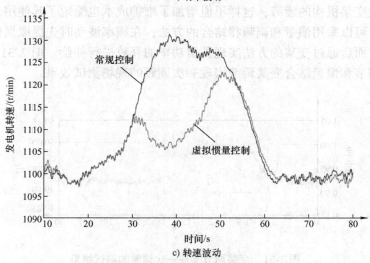

c) 转速波动

图 7-29　虚拟惯量控制仿真效果

2. 一次调频

风力发电机组大多采用最大风功率跟踪控制（MPPT）以最大限度地捕获风能，因此，风力发电机组没有备用容量，无法对系统提供一次频率支持。当风力发电机组取代传统的同步发电机时，系统的单位调节功率将会降低，从而使系统的频率偏差增大。

在一些特殊运行条件下，如系统频率过高、线路过负荷等需要限制风机输出功率时，可以降低风力发电机组的输出功率，从而使风力发电机组留有了一定的备用容量。通过增加适当的频率控制环节，该备用容量可以在发电机跳闸或负荷增加引起系统频率下降时，对系统提供一次频率支持。风力发电机组备用容量可以通过两种方案来获取：一是调节桨距角，二是向左或向右移动曲线（一般向右移动，此时风力发电机组输出功率降低，发电机转速增加储存动能）。

图 7-30 可以说明这两种方案的基本原理。

风力发电机组通过调整桨距角或者转速，可以使风能利用系数 C_P 偏离最佳值，结合风力发电机组常规的控制方法，利用调节桨距角为系统提供一次频率支持的方案对控制系统的改造比较小，也较容易实现。利用桨距角控制实现风力发电机组减载运行的基本思想是：通过增大桨距角来控制风力发电机组的有功功率输出，使其低于额定值，并将这一部分多余的能量作为此刻风力发电机组的备用功率。当系统频率出现下跌时，减小桨距角来提高风力发电机组的风能利用系数，

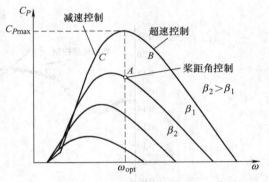

图 7-30 桨距调节和转速调节预留功率的原理

即从风能中获得更大的机械功率，从而使风力发电机组将先前减载运行时所预留的备用功率释放出来，以支持系统调频。

桨距角控制方法由于变桨系统驱动叶片时其响应时间比较慢，且频繁地变桨操作容易造成风力发电机组变桨机构的疲劳，这样不但增加了维护成本也缩短了其使用寿命。于是，为克服这种问题，可以采用惯量和调频相结合的方法，在频率波动时先提取惯性能量来保证电功率迅速升高，而后通过变桨的方法实现预留功率的释放进行补偿。图 7-31 和图 7-32 分别为单纯用变桨调节和惯量结合变桨调节实现一次调频的现场测试效果。

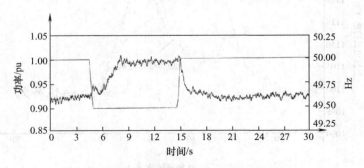

图 7-31 变桨调节实现一次调频的测试结果

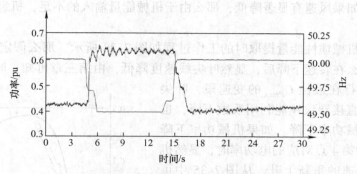

图 7-32 惯量 + 变桨调节实现一次调频的测试结果

3. 问题和展望

（1）频率测量 传统火电或水电机组的惯量特性为同步发电机的固有特性，不需要专门的控制和执行机构干预。火电或水电机组在进行一次调频时，并不直接测量频率，而是利用同步发电机转速和频率的刚性约束关系，通过测量发电机转速而获得电网频率，并非直接测量电压瞬时波形，在发电机组机械转动惯量的作用下，发电机的转速信号相对平滑稳定。

风力发电机组由于转速和电网频率没有关联性，只能通过对正弦交流电压信号进行持续高密度地采样来分析电网频率。频率的快速精准测量方法在工业界没有统一的标准，并且在大量电力电子设备集中接入电网、对正弦波形造成一定干扰的情况下，要实现快速、可靠而高精度（可接受的误差通常不超过 0.01Hz）的频率测量，难度非常大。

此外，在实际的电网频率事故中，电网频率的变化过程可能是复杂多样的，在网内同步发电机组和输变电设备耦合影响下，频率也可能呈现周期性的低频振荡，而不是平滑过渡，如图 7-33 所示。那么显而易见的是，对 df/dt 或者 $\Delta P/\Delta t$ 的测量结果与测量窗口有极大的关系，如图 7-34 所示，由于测量窗口位置的差异，频率变化率就会出现 K_1 和 K_2 两种差异显著的测量结果，这将使得机组控制系统难以实现预期的效果。

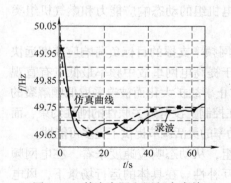

图 7-33 某次实际电网频率事故
过程录波和仿真对比

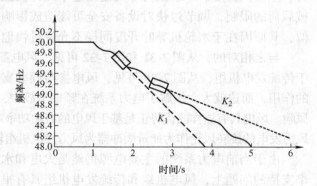

图 7-34 频率的测量窗口

（2）惯性能量提取的极限 风力发电机组本身是具有转速上限和下限的，对正在运行的风力发电机组进行惯量提取，会导致机组转速降低，那么其能量的提取量必须合理控制，不能因为提取过量而导致发电机组欠速停机。需要关注的是，机组从提取惯性能量支持电网频率到退出频率支持的整个过程可能长达 10s，甚至更长一些，在这样的时段内，风速是可能产生变化的，如果风速有显著降低，那么由于机械能量输入的不足，机组必须提早退出频率支持模式。

机组在进行机械惯性能量提取时的工作过程如图 7-28 所示，那么假定在该过程中风速不产生变化，那么在转速下降后，显然叶尖线速度降低，由第三章可知，叶尖速比 λ 减小，如果机组原本运行在最佳 $C_{P\max}$ 的变速段，叶尖速比的下降就会直接导致风能利用系数下降，也即风轮吸收的机械功率下降。如果机械功率下降到低于图 7-28 中第 4 点对应的电功率时，显然机组将无法实现转速的重新上升。从图 7-35 中可见，由于叶片本身的特性，当叶尖速比 λ 减小时，风能利用系数 C_P 的下降是"陡峭"的。

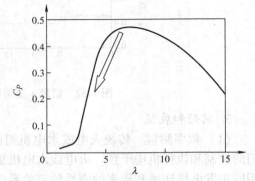

图 7-35　惯性能量提取过程中的 C_P 下降

（3）响应速度　惯量响应和一次调频对于电力系统的作用都在于促进了电网频率的稳定性，从图 7-26 和图 7-33 的仿真或实测结果可以发现，电网频率从正常值跌落到最低点经过的时间大约在 8s，而我国现行国家标准《火力发电机组一次调频试验及性能验收导则》（GB/T 30370—2013）要求的技术指标如下：

1）机组参与一次调频的响应滞后时间应小于 3s。

2）机组参与一次调频的稳定时间应小于 1min。

3）机组一次调频的负荷响应速度应满足：燃煤机组达到 75% 目标负荷的时间应不大于 15s，达到 90% 目标负荷的时间应不大于 30s；燃气轮机达到 90% 目标负荷的时间应不大于 15s。

可见，火电机组的一次调频动态响应比较迟缓，能在一般较长时间内增加出力，但对于提高电网事故中的频率最低点只能起很有限的作用，这是因为火电机组在运行时，主蒸汽压力、主蒸汽温度、炉膛压力等关键变量不允许快速波动，而高压阀门的调节能力也有一定机械载荷的限制，调节过快对设备安全可能造成影响。水电机组的动态响应能力和燃气机组类似，其原因在于水轮机导叶开度同样不允许过快地调节。

与之相对的，从图 7-31 和图 7-32 可见，风电参与电网频率支撑的目标负荷响应速度远快于传统发电机组，从图 7-26 可见，风电参与频率支持对于提高电网事故中频率最低点有直观的作用，而这就大大缓解了电力系统在频率事故中，为防止事故扩大化而被迫采取低频解裂的风险。风电具有这样的优势正是基于风电的有功功率本身在控制上没有强关联性的刚性约束，而风力发电的旋转风轮作为能量缓冲器为风力发电机组输出功率的灵活调节提供了更多可能性。

由于当前电力系统的主要电源仍然是火电和水电机组，从动态响应速度来看，在电网频率支持的问题上，风电机组和传统发电机组具有很好的互补性。在具体的运行场景下，风电和传统能源的协调配合，调节参数的优化和多机稳定性等问题仍有待继续深入研究。

练　习　题

1. 风力发电机组有哪几种运行方式，并网运行有哪些优势？
2. 风力发电机组的软并网与普通异步电动机软起动有什么不同？
3. 风力发电机组切入电网时应考虑哪些因素？

4. 有效的软并网控制策略有哪些要求？

5. 双馈式风力发电机组并网前如何做好切入准备？

6. 变流器得到并网指令后如何实现并网？

7. 说明有功功率控制能力、无功电压调整能力及风力发电机组的故障穿越能力对电网稳定性的作用。

8. 风力发电机组并网后如何影响电网电压和频率的稳定性？

9. 简述定桨距恒速风力发电机组并网时影响电网电压的因素有哪些？

10. 全馈式机组采用永磁同步发电机时，其有利因素和不利因素各有哪些？

11. 为风力发电机组提供有功功率备用的方式有哪些？各有什么优缺点？

12. 随着风电装机容量的增大，电网的调频能力亟待提高，通过哪些办法可以提高电网的调频能力？

13. 定桨恒速型风力发电机组的并网软切入评价指标主要有哪几项？

14. 为什么在定桨恒速型风力发电机组的并网软启动过程中不能投入补偿电容？

15. 从并网控制过程来看，通常风力发电机组工作在电压源状态还是电流源状态，为什么？

16. 为什么风力发电机组在进行低电压穿越时要发出容性无功功率？

17. 相比于 Crowbar，Chopper 在帮助风力发电机组实现电网故障保护时具备什么优势，为什么？

18. 什么情况下风电机组需要具备高电压穿越能力，为什么？

19. 双馈式和全馈式风力发电机组在实现高电压穿越时，各有什么难度？

20. 风力发电机组为一次调频进行的有功功率备用有哪些方式？各有什么优缺点？

21. 风电参与一次调频和常规电源参与一次调频在能力和实现方式上有什么差异？各自的优缺点是什么？

参 考 文 献

[1] 陈康生，张华军，许国东. 风电机组的软切入控制及其对传动轴系的影响 [J]. 能源工程，2009，6：34－37.

[2] 刘其辉，贺益康，卞松江. 变速恒频风力发电机空载并网控制 [J]. 中国电机工程学报，2004，24：6－11.

[3] 中国电力科学研究院. 风电场接入电力系统技术规定：GB/T 19963—2011 [S]. 北京：中华人民共和国国家质量监督检验检疫总局，2011.

[4] 杨灿. 哈郑特高压直流换相失败对风电影响的仿真研究 [D]. 北京：华北电力大学，2015.

[5] Australian Energy Market Comission. National Electricity Rules [Z]. 2008.

[6] 张兴，曲庭余，谢震，等. 对称电网电压骤升下双馈电机暂态分析 [J]. 电源学报，2013(3).

[7] JES'US L'OPEZ，PABLO SANCHIS，XAVIER ROBOAM，et al. Dynamic Behavior of the Doubly Fed Induction Generator During Three－Phase Voltage Dips [J]. Energy Conversion，IEEETransactions on Energy Conversion，2007，22(3)：709－717.

[8] ZHANG Y C，GEVORGIAN V，ELA E. Role of Wind Power in Primary Frequency Response of an Interconnection [R]. NREL/CP－5D00－58995，2013.

[9] 杨列銮，丁坤，汪宁渤. 双馈异步风电机组模拟惯量响应控制技术综述 [J]. 中国电力，2014，11：79－83.

[10] 张志恒. 双馈感应风电机组参与系统调频的控制对策研究 [D]. 华北电力大学，2014.

[11] 张宝，吴明伟，金玄玄. 汽轮机组一次调频性能试验分析 [J]. 发电设备，2007.6：440－444.

[12] 舒荣. 云南电网水电机组一次调频试验 [J]. 云南电力技术，2008.6：12－16.

[13] 中国国家标准化管理委员会. 火力发电机组一次调频试验及性能验收导则 206：GB/T30370—2013 [S]. 北京：中国标准出版社，2014.

第八章　风力发电机组的
状态监测与性能测试

风电技术的发展和风力发电机组的大规模商业化运行，使得风电场和电力运营商对风力发电机组的可靠性、发电能力和电能品质提出了越来越高的要求，这也促进了风力发电机组状态监测与性能测试技术的发展。

第一节　风力发电机组的状态监测

风力发电机组的设计寿命通常是 20 年，但根据目前国内的上网电价，风力发电机组一般需要稳定运行 8 年以上才能收回成本。对机组实际运行的动态性能进行监测和分析有助于评估设计的优劣和监控机组的状态，实现故障预警，提高运维效率。随着风电场运维管理的数字化和智能化，状态监测系统已成为风力发电机组的必要配置。

机组故障可能发生在第一次运行时，或者遭遇极端工况时，或者经历了长期运行后的某个工况下。状态监测系统可以帮助风电场运营商在零部件损坏前进行必要的维护和修复，避免由于零部件严重损坏而造成重大损失或长时停机。

风力发电机组传动系统故障可能是齿轮箱故障或损伤、轴承损伤、发电机故障或者控制系统导致的故障。除了传动系统以外，对于结构件的应力监测也是状态监测的重要内容，主要是监测塔架、叶片的动态载荷。

一、状态监测的主要方法

状态监测信号的获取主要有以下几种方法，在具体使用中应从监测的目的出发，不局限于监测部件信号本身，也可是多种信号交叉耦合的分析结果，这样才能达到整机进行智能诊断的目的。

（1）振动信号的测量　振动信号的测量与分析是旋转机械运行状态监测中使用最广泛的方法，主要针对机械损伤、缺陷、对中度偏差等方面的判断。测量所用的传感器类型由所监测的机械频率来决定：低频区使用位移传感器，中频区使用速度传感器，高频区使用加速度传感器，甚高频区则使用能量频谱传感器。在风力发电机组上，主要用加速度传感器来监测齿轮箱的齿轮和轴承、发电机轴承和主轴承运行状态。

（2）油品分析　油品分析有两个目的，一是监测润滑油的质量，二是监测被润滑工件的质量。

油品分析在大多数情况下都是离线的，但目前也已经有了商业化的在线油品监测系统，这些系统可以实时监测油品中的水分和微粒。除此之外，风力发电机组对液压系统滤清器的状态监测已经被广泛采用，这在某种程度上也可被视为是对液压油质量的监测。

零部件的性能优劣通常只有失效检测一项指标，但通过对其润滑油的分析可以了解零部件的磨损程度。

油的污染源主要是微小颗粒和水分，微小颗粒会导致轴承与齿轮的磨损与碾磨，当颗粒物被油液带动与金属部件发生撞击时，就会损坏金属表面同时产生新的颗粒物，而油品中的水分则可能促使金属部件产生腐蚀现象。

在风力发电机组上，在线的油品分析通常只针对齿轮箱。其他部件的润滑油品一般采取定期取样的方式进行检验。

（3）温度和湿度的测量 温度传感器通常用来监测电子元件和电气元件的失效与否。在设备劣化或过负荷的情况下，温度值可以很直观地反映出设备故障。对于风力发电机组而言，在发电机、变流器和齿轮箱等设备内都安装有很多温度传感器。在山地和海上环境，风力发电机组可能遭遇比较严重的高湿度环境，不仅影响结构件和油品的寿命，而且对于电气元件的安全性可能造成影响，因而通过湿度监测可以使促使机组适时启动环境调节装置，而温度与湿度信息的结合也可以被用于对冰冻情况的辅助判断。

在风力发电机组上，很多位置都安装有温度和湿度传感器，根据监测对象的差异，温度、湿度的敏感性也有不同。

（4）载荷与应力的测量 应力传感器可以用来监测风力发电机组的结构载荷和低速轴转矩，这对风力发电机组的设计验证和寿命预期有很重要的意义。目前可用的有金属箔片式或者光纤式应力传感器，光纤式应力传感器具有耐环境性能优越、抗电磁干扰、体积小和灵敏度高的优点，金属箔片式应力传感器基于惠斯通电桥原理，应用广泛，成本相对较低。

在风力发电机组上，应变片通常只在进行载荷测试时使用，安装位置主要为叶根、主轴和塔架，在进行独立变桨控制时，为获得实时的载荷数据，通常也在叶根或主轴上安装应变片。

（5）电量监测 作为发电机组，电量参数是其重要的性能指标。在风力发电机组与电网连接点的各项电量参数表征了风力发电机组的发电性能和对电网的适应能力，而对变流、变桨等子系统电量参数的监测则是为了实时了解其运行状态，进而可对与之关联的其他系统的工作状态进行监测。

（6）风向风速测量 风向和风速是用于监测风力发电机组承受的风况，用于判断启动、停机、对风等的条件是否满足。风向仪和风速仪通常被安装在机舱上，一般该测量信号不参与到动态控制行为中，只作为逻辑判断和保护条件，但目前机载激光雷达测风控制技术已经成为全球风电行业界的研究热点，如果能精确地感知到风轮来流风况，则对于机组的动态行为优化和结构设计将带来很大的帮助。

机舱安装的风速仪和风向仪一般可选用机械式或超声波式，机械式对于复杂气流和气候的适应性较强，而超声波式在冰冻条件下较有优势。

（7）其他 其他参数，如风轮转速、桨距角、液压压力等是风力发电机组的基本参数，表征了风力发电机组的基本运行状态。在对传动系统的振动信号进行监测的同时，也可采集噪声信号进行并列分析，以争取对传动系统故障做出早期判断。

风力电机组的状态监测系统可分为机舱、风电场和远程数据诊断中心三个部分。机舱部分承担着传感器信号的采集和筛选功能，对持续采集的信号进行筛选，提取最为有特征和代表性的运行工况数据发送至风电场。风电场服务器可以收集风电场内所有风力发电机组上推送的状态监测特征值和工况数据，进行历史数据和机组间数据的比对分析。远程数据诊断中心则可以通过互联网收集所有风电场各台机组的状态数据进行分析，并且在更大的范围内进行对比分析，同时还可以由设备制造厂商追溯零部件与风电整机的装配检测和场内运行测试记录。状态监测系统的配置如图 8-1 所示。

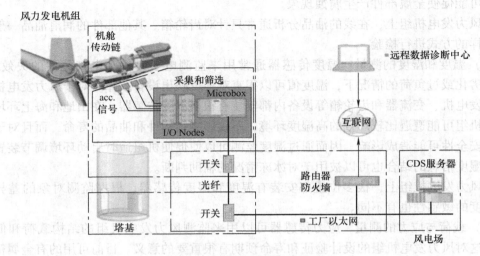

图 8-1　状态监测系统的配置

通过安装使用风力发电机组状态诊断系统来尽早发现故障、监测故障程度发展趋势、预测故障维修时间，可以从以下几个方面为风力发电机组的运行维护节约费用支出：

1）避免早发故障导致更为严重的故障破坏。

2）便于提前做好维修设备的计划与组织维修人员。

3）便于提前安排备件采购。

4）减少不必要的部件更换，降低维修费用与停机时间。

5）便于统筹安排多台风力发电机组的部件更换，以降低总体起重机使用费用和准备时间。

二、机组传动系统的状态监测

（一）基本情况

传动轴系是风力发电机组实现能量转换的关键部件，其运行状态直接影响风力发电机组的安全、寿命与发电品质。如果传动轴系部件发生了严重故障需要更换的话，必然需要将机舱吊至地面才能处理，而且备件的订货周期都比较长，因此将导致很大的经济损失。

传动轴系包括以下三部分：

1）低速转动的主轴、主轴承以及轴承座。

2）增速齿轮箱及其弹性支撑。

3）高速轴联轴器、发电机及其弹性支撑。

图 8-2 是常见的风轮经齿轮增速带动发电机旋转的风力发电机组传动轴系示意图。图左侧是低速轴，对于低速转动的轴系而言，可能出现的问题主要是轴承问题，包括安装不正、润滑不良、早期损伤、中后期损坏；图中间是增速齿轮箱，对于齿轮箱而言，主要问题是轴承损坏与齿轮啮合不良，齿轮箱轴承的损坏往往引发齿轮、甚至齿轮轴的损坏，从而导致整个齿轮箱的更换；图右侧是发电机，对于发电机而言，发电机对中不良将导致轴承承受过度负荷，使轴承使用寿命大幅度降低，而轴承损坏是目前引起发电机故障的主要原因之一。

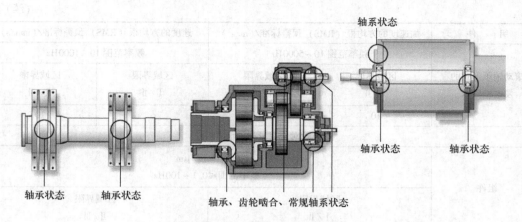

图 8-2　风力发电机组的传动轴系

　　在风力发电机组的实际运行中，通过在传动轴系各测试点埋设高灵敏度的振动加速度传感器或应力波传感器，再使用包络检波和频谱分析的方法来处理传感器信号并判断轴承或齿轮的故障，是状态监测的基本方法。使用此方法可对轴承或齿轮的故障频率的幅值进行趋势分析，实现轴承或齿轮的寿命评估，及时安排维护和生产调度。

　　德国工程师协会通过对大量风电机组现场运行测试数据的统计和分析，于 2009 年发布了《风电机组及其组件机械振动测量和评估 齿轮增速型陆上风电机组》（VDI 3834 - 1）标准，该文件针对 3MW 以下的陆上齿轮增速型风力发电机组，提出了传动链状态监测的特征参数、测量位置、测量方向和评估的参考区间。

　　根据 VDI 3834 - 1 标准，对 3MW 以下陆上风力发电机组的评价标准值见表 8-1。

表 8-1　3MW 以下陆上风力发电机组的评价标准值

组　　件	加速度的方均根（RMS）预警标准/(m/s^2)		速度的方均根（RMS）预警标准/(mm/s)	
	频率范围≤0.1～10Hz		频率范围≤0.1～10Hz	
机舱和塔架	区域界限 Ⅰ/Ⅱ	区域界限 Ⅱ/Ⅲ	区域界限 Ⅰ/Ⅱ	区域界限 Ⅱ/Ⅲ
	0.3	0.5	60	100
滚动轴承形式的主轴承	频率范围≤0.1～10Hz		频率范围 10～1000Hz	
	区域界限 Ⅰ/Ⅱ	区域界限 Ⅱ/Ⅲ	区域界限 Ⅰ/Ⅱ	区域界限 Ⅱ/Ⅲ
	0.3	0.5	2.0	3.2
齿轮箱	频率范围≤0.1～10Hz		频率范围 10～1000Hz	
	区域界限 Ⅰ/Ⅱ	区域界限 Ⅱ/Ⅲ	区域界限 Ⅰ/Ⅱ	区域界限 Ⅱ/Ⅲ
	0.3	0.5	3.5	5.6
	频率范围 10～2000Hz			
	7.5	12.0		

（续）

组　件	加速度的方均根（RMS）预警标准/(m/s²)		速度的方均根（RMS）预警标准/(mm/s)	
	频率范围 10～5000Hz		频率范围 10～1000Hz	
滚动轴承形式的发电机轴承	区域界限 Ⅰ/Ⅱ	区域界限 Ⅱ/Ⅲ	区域界限 Ⅰ/Ⅱ	区域界限 Ⅱ/Ⅲ
	10	16	6	10
以下针对使用滑动轴承的组件				
组件	振动幅度/μm 频率范围≤0.1～100Hz			
	区域界限 Ⅰ/Ⅱ		区域界限 Ⅱ/Ⅲ	
主轴承	0.5×轴承游隙		0.75×轴承游隙	
发电机 n＝为额定转速 /(r/min)	$9000/\sqrt{n}$		$13200/\sqrt{n}$	

值得指出的是，表8-1中的测量值适用于各零部件轴承端的径向和轴向。如机组采用双主轴承结构，那么两个主轴承都应配置振动传感器。为有效可靠地进行监测，在必要的情况下还需要用距离传感器在轴向和径向方向观测轴承游隙的变化。对于直驱型风力发电机组，可以参考《风电机组及其组件机械振动测量和评估　直驱型陆上风电机组》（VDI 3834 - 2）标准，在发电机合理的位置布置传感器。在进行高频振动信号测量时，需要考虑到传感器的频率响应范围；在进行低频信号测量时，需要注意低频振动传感器在1Hz以下的低频范围内可能存在的准确性问题。

（二）振动信号的特征

任何振动信号都是由振幅、频率及相位三大要素所组成的，而这三大要素对机械设备而言，分别代表着不同的意义。振幅大小代表设备运转异常状况的严重性，频率分布情况代表设备损坏或振动源的所在位置，相位差异代表设备运转所产生的振动模式。

振动信号分析是识别故障性质、寻找故障源的关键手段，通过振动分析可以得到大量的机械振动状态信息。旋转机械的基本评定指标为振动位移的峰-峰值和振动烈度（即方均根值，代表振动能量的大小）。

1. 齿轮箱的振动信号特征

齿轮在运转过程中产生的振动是比较复杂的，所受激励不同，产生的振动类型也不同。

1）齿轮在啮合过程中由于齿距误差、齿形误差或非均匀磨损等都会使齿与齿之间发生撞击，撞击的频率就是它的啮合频率。齿轮在此周期撞击力的激励下产生了以啮合频率为振动频率的强迫振动，频率范围一般在几百到几千赫兹。

2）由于齿轮在啮合过程中轮齿发生弹性变形，使刚刚进入啮合的轮齿发生撞击，因而产生沿着啮合线方向作用的脉动力，于是也会产生以啮合频率为频率的振动。对于齿廓为渐开线的齿轮，在节点附近为单齿啮合，而在节点两侧为双齿啮合，故其刚度是非简谐的周期函数，所产生的强迫振动与上述的一种情况相同，不仅以啮合频率为频率的基频振动，而且还有啮合频率的高次谐波振动。

3）齿与齿之间的摩擦在一定条件下会诱发自激振动，主要与齿面加工质量及润滑条件有关，自激振动的频率接近齿轮的固有频率。

4）齿与齿之间撞击是一种瞬态激励，它使齿轮产生衰减自由振动，振动频率就是齿轮的固有频率。

5）齿轮、轴、轴承等元件由于不同心、不对称、材料不均匀等会产生偏心、不平衡，其离心惯性力使齿轮轴系统产生强迫振动，振动的频率等于轴的转动频率及其倍频。

6）由于齿面的局部损伤而产生的激励，其相应的强迫振动频率等于损伤的齿数乘以轴的转动频率。

综上所述，齿轮的振动频率基本上可归纳为三类，即轴的转动频率及其倍频，齿轮的啮合频率及其倍频，齿轮自身的各阶固有频率。而齿轮的实际振动往往是上述各类振动的某种组合。

在齿轮箱的振动频谱中，常见到啮合频率或其倍频附近存在一些等间距的频率成分，这些频率成分称为"边频带"。边频带反映了振动信号的调制特征。边频的增多在某种程度上揭示出齿轮存在潜在故障，边频的距离反映了故障的来源。调制可分为幅值调制、频率调制等。对于实际的齿轮振动信号，载波信号和调制信号都不是单一频率的，所以在频谱上形成若干组围绕啮合频率及其高阶倍频两侧的边频族。

实际的齿轮振动信号往往是幅值调制与频率调制同时存在，当两者的边频间距相等，且对于同一频率的边带谱线的相位相同时，两者的幅值相加；相位相反时，两者的幅值相减。这就破坏了边频带原有的对称性，所以齿轮振动频谱中啮合频率或其高阶倍频附近的边频带分布一般是不对称的。

齿轮箱正常运转时，一般其振动信号是平稳信号，振动信号为各轴转频和啮合频率。当发生齿轮箱故障时，其振动信号频率成分和幅值将发生变化，一般具有以下特征：

1）信号是稳态的。仅仅是幅值的变化和振动能量的变化，主要针对齿轮均匀磨损的情况。

2）信号是周期性平稳的。出现有规律的冲击或调制现象，主要针对齿轮的点蚀、疲劳剥落、齿形误差、安装误差、轴弯曲、不平衡、不对中及滚动轴承剥落等情况。

3）信号是非周期性的。出现无规律的冲击或调制现象，主要针对齿轮或轴承出现严重故障的情况。

齿轮箱的频率特点如下：

1）轴的转频及其倍频。

2）齿轮啮合频率及其倍频。

3）以齿轮啮合频率及其倍频为载波频率，齿轮所在轴转频及其倍频为调制频率的啮合频率边频带。

4）以齿轮固有频率及其倍频为载波频率，齿轮所在轴转频及其倍频为调制频率的边频带。

5）以齿轮箱固有频率及其倍频为载波频率，齿轮所在轴转频及其倍频为调制频率的边频带。

6）以外圈的各阶固有频率为载波频率，产生剥落元件的通过频率为调制频率。

2. 滚动轴承的振动信号特征

用于滚动轴承故障检测和诊断的方法有很多，而振动诊断方法的优越性主要体现在：

1) 可以检测出各种类型轴承的异常现象。

2) 在故障初期就可以发现异常，并可在旋转中测定。

3) 由于振动信号发自轴承本身，所以不需要特别的信号源。

4) 信号检测和处理比较简单。

在滚动轴承的振动诊断中，较常用的诊断方法有有效值和峰值判别法、峰值指标法、振幅概率密度分析法、时序模型参数分析法、冲击脉冲法、包络法及高通绝对值频率分析法等。

轴承中所产生的振动是随机的，含有滚动体的传输振动，其主要频率成分为滚动轴承的特征频率。特征频率可根据轴承结构参数计算如下：

1) 内圈选择频率

$$f_i = \frac{n}{60} \tag{8-1}$$

式中，n 为轴转速 (r/min)。

2) 保持架选择频率

$$f_c = \frac{1}{2}\left(1 - \frac{d\cos\beta}{D}\right)f_i \tag{8-2}$$

3) 滚珠自转频率

$$f_b = \frac{1}{2}\frac{D}{d\cos\beta}\left[1 - \left(\frac{d\cos\beta}{D}\right)^2\right]f_i \tag{8-3}$$

4) 保持架通过内圈频率

$$f_{ci} = \frac{1}{2}\left(1 + \frac{d\cos\beta}{D}\right)f_i \tag{8-4}$$

5) 滚珠通过内圈频率

$$f_{Bi} = Nf_{ci} \tag{8-5}$$

6) 滚珠通过外圈频率

$$f_{Bo} = Nf_c \tag{8-6}$$

式(8-2) ~ 式(8-6) 中，d 为滚珠直径，β 为接触角，N 为滚珠数量，D 为节圆直径。

另外，滚动轴承在其运转过程中，滚动体与内圈或外圈之间可能产生冲击而诱发轴承各元件的固有振动。轴承元件的固有频率仅取决于其材料、结构、尺寸、质量及安装方式，而与轴承的转速无关。

滚珠的固有频率为

$$f_n = \frac{0.424}{r}\sqrt{\frac{E}{2\rho}} \tag{8-7}$$

式中，r 为滚珠的半径，ρ 为材料的密度，E 为弹性模量。

轴承内、外圈在圈平面内的固有频率为

$$f_n = \frac{n(n^2 - 1)}{2\pi\sqrt{n^2 + 1}}\frac{1}{a^2}\sqrt{\frac{EI}{M}} \tag{8-8}$$

式中，n 为固有频率的阶数，I 为套圈截面绕中性轴的惯性矩，a 为回转轴线到中性轴的半径，M 为单位长度的质量。

滚动轴承振动的频谱结构，可分为三个部分：

1）低频段频谱（1kHz 以下）。包括轴承的故障特征频率及加工装配误差引起的振动特征频率。通过分析低频段的谱线，可监测和诊断相应的轴承故障。但是，由于这一频段易受机械中其他零件及结构的影响，并且在故障初期反映局部损伤故障位置的特征频率成分信息的能量很小，常常淹没在噪声之中。因此，低频段频谱不适合于诊断轴承本身的早期局部损伤故障。但通过低频段的分析，可以将轴承装配不对中、保持架变形等故障诊断出来。

2）中频段频谱（1~20kHz）。主要包括轴承元件表面损伤引起的固有振动频率。分析此频段内的振动信号可以较好地诊断出轴承的局部损伤故障。通常采用共振解调技术，通过适当地滤波，获取信噪比较高的振动信号，进而分析轴承故障。

3）高频段频谱（20kHz 以上）。如果测量用的加速度传感器谐振频率较高，那么由于轴承损伤引起的冲击在高频段也有能量分布，所以测得的信号中含有高频成分。对高频段信号进行分析也可以诊断出轴承的相应故障。但是，当加速度传感器谐振频率较低，且安装不牢固时，很难测得这一频带内的信号。

（三）振动信号的分析

齿轮与轴承类设备的振动监测与故障诊断技术涉及机械动力学、振动测试技术、信号分析、模式识别和人工智能等多个领域的基础理论和技术知识，是一门多学科交叉的技术，具有很强的理论背景和工程实际应用范围。

振动信号的基本特征可以分类为：

1）转子不平衡。这里的转子指包括风轮在内的所有机械旋转部件。

由于设计、制造和安装中转子材质不均匀、结构不对称、加工和装配误差等原因和由于机械运转时热弯曲、零件脱落或电磁力干扰而造成质量偏心，致使旋转时由于质量不平衡而造成振动，这是旋转机械中最常见的故障。针对风力发电机组，还可能产生质量不平衡以外的气动不平衡，该问题可能是由叶片安装、变桨控制、叶片冰冻或叶片缺陷等因素造成的。

其特征是振动方向通常都发生在径向，振动频率即转子的转动频率，轴向的振幅通常较小，但如因为气动不平衡则可能造成轴向振幅相对显著。

2）转子不对中。对于风力发电机组而言，传动轴系是由三部分组成的，如果制造、安装及运行过程中由于轴承支架、机架或弹性支撑变形等原因的影响造成转子不对中，那么也将产生轴系振动。

不对中可分为平行不对中、角度不对中及这两者的组合。

其主要特征是其振动值与转子负荷有关，随负荷的增大而增大。平行不对中产生的振动频率是 2 倍的旋转频率，同时也存在多倍颤振；混合式不对中则除了径向振动外还存在轴向振动。

3）转子弯曲。转子的初始弯曲是由于加工不良、残余应力或碰撞等原因引起的，它将引起传动轴系的工频振动，通过振动测量并不能把它与转子不平衡区分开来，而应在低速转动下检查转子各部位的径向跳动量予以判定。

4）机械松动。机械松动造成的原因大致可以分为两种：外松动，即结构、底板松动或固定螺栓松动；内松动，即转子配合元件的松动，如轴与轴承内圈、轴承盖与轴承外圈。

不论内松动或外松动，振动信号均表现为一倍与多倍旋转频率的振动信号都增大，且径向与轴向振动信号具有相同特征。

5）滚动轴承损伤。滚动轴承由四个部件组成，即内圈、外圈、滚动件和保持架，这四个部件各有其特征频率。

轴承元件损坏导致的振动信号通常都包含特征频率的谐波与旋转频率的谐波，径向和轴向振动信号具有相同的特征，有时轴承损坏时的特征也未必严格与上面所述的内容对应，实际情况和轴承的损坏程度以及负载的变化情况有关。

6）动静摩擦。由于转子弯曲、转子不对中、间隙不足和非旋转件变形等原因引起的转子与固定件的接触碰撞，比如齿轮箱高速级轴承和高速发电机轴承滑动，从而引起的异常振动。

该振动的频带比较宽，既有旋转频率的整数、整分数倍振动频率也有高次谐波分量，并伴随有异常噪声，可根据振动频谱和声谱进行判别。在摩擦发生时，轴心轨迹总是与旋转方向相反，由于摩擦还可能产生自激振动，自激的涡动频率为转子的一阶固有频率，但涡动方向与转子旋转方向相反。

7）齿轮。齿轮箱的啮合频率为轴系运转的固有频率，在正常情况下应均匀平稳。齿轮箱的啮合频率为旋转频率×齿数。

当齿面磨损、偏心或两轴不平行时，齿轮箱的啮合频率将伴随其谐波的产生，还将激发齿轮箱的固有频率。

8）冷却风扇。这里的冷却风扇是指发电机的内部同轴冷却风扇，当叶片出现不平衡、破损或刮擦等情况时，将在转子的径向和轴向产生振动。

冷却风扇的特征振动频率为旋转频率×叶片数量。

9）发电机。当发电机出现电气故障时也将影响传动轴系的振动。

当发电机气隙不均时，将在轴系造成2倍电网频率的径向振动。

当发电机定子绕组发生匝间故障时，将产生定子槽频率振动信号，该频率为旋转频率×定子槽数，在振动信号产生时将伴随谐波产生。

当发电机转子笼条（笼型异步发电机）或转子槽（绕线转子异步发电机）故障时，将产生转子频率振动信号，该频率为旋转频率×转子笼条数或转子槽数，在振动信号产生时将伴随谐波产生。

10）三相电压不平衡。三相电压不平衡在现场是经常出现的情况，在此情况下将导致发电机定子三相电流不平衡，使转子产生2倍电网频率的径向振动。

以上的分项可以作为风力发电机组传动系统振动信号分析最基本的判断依据，但在实际的工程应用中，振动监测结果和设备的结构组成有很大的关系，也可能同时出现多种故障状态互相影响的情况。

振动监测诊断系统在运行过程中会获得大量机组振动测量信号，这些信号必须经过适当的分析处理，从中提取反映故障状态的特征信息，并以简单明了的形式提供给设备运行人员以及振动方面专家，或者作为智能故障诊断系统的输入，以便对机组的运行状况及时做出正确判断，尽早发现故障。此外需要将大量测量数据进行压缩，保留有效数据，便于存储。振动信号分析处理方法有很多种，其中一些最基本、最常用方法（包括时间平均分析、频谱分析、倒频谱分析及包络分析等）的有效性已经经过大量实践验证，并广泛应用于工程实际中。

时域波形的参数分析、解调分析及谱分析是常用的分析手段，功率谱分析和细化谱分析相结合使用的效果也非常好。其中时域波形的参数分析属于信号的统计分析范畴，主要侧重于无量纲动态指标，如波形、峰值、脉冲及峭度等。这些无量纲参数对信号的幅值和频率变化不敏感，只与幅值分布的形状有关，因而可以充分利用此特点，选取合适的无量纲参数对齿轮、轴承进行简易诊断。时域波形的参数分析可作为精密诊断的辅助分析工具使用。而频谱分析是齿轮和轴承故障诊断中最常用也最实用的一种分析方法，由于齿轮箱中有很多转轴、轴承和齿轮，因而有很多不同旋转速度和啮合频率，每个旋转频率都可能在每个啮合频率周边调制出一个边频带，因而在齿轮的振动功率谱中，可能出现很多个大小和周期不同的周期信号，很难直观地看出其大小和特性。如果能对这些功率谱再进行一次谱分析，则能把边频带信号分离出来，使周期分量在第二次谱分析时变成离散的谱线。

值得指出的是，在旋转轴速度大于 100r/min 时，由于振动具有很大能量，并且出现的周期短，应用振动分析法可以诊断出故障和损伤状态；对于低于 100r/min 的旋转机械，如风力发电机组的风轮，由于转速较低、尺寸较大且为重载，在出现机械故障时，振动影响通常很小，振动能量低且出现的周期长，因而用振动分析法诊断损伤或故障状态是困难的，传统的故障检测方法无法彻底解决低速滚动轴承的故障诊断难题。

当动力载荷（冲击载荷）作用于弹性物体时，在物体内部会产生应力波（Stress Wave）。应力波检测方法是一种动态无损检测方法，即在构件或材料的内部结构缺陷或潜在缺陷处于运动变化的过程中进行无损检测。应力波检测的另一特点是被检测对象能动地参加到检测的过程中去，它利用物体内部缺陷（内因）在外力作用（外因）下能动地发射应力波，从这一应力波中推知缺陷的部位和情况。应力波的分析方法结合了信号的时域和频域特征，采用应力波检测技术可以有效地弥补振动信号检测分析方法在低速机械故障诊断方面的不足。

传统的信号分析是建立在快速傅里叶变换（FFT）的基础上的，由于 FFT 使用的是一种全局变换，对信号的表征要么完全在时域内，要么完全在频域内，因此无法表征信号的时频域性质，而时频域性质正是非平稳信号最根本和最关键的性质。传统的 FFT 信号分析的频谱结果是在整个分析时段上的平均值，不能反映故障信号的突变细节，特别是低速旋转机械的偶发性故障信号。而对应力波进行的小波分析（Wavelet Analysis）方法则可以对监测诊断中得到的机械动态信号的局部化特征进行有效地分析，能有效地消除信号的背景噪声，提高诊断信息的质量，从而提高机械故障诊断的准确率。

第二节　风力发电机组的性能测试

一、风力发电机组的认证测试

风力发电机组是一种可靠性要求非常高的机电产品，与此同时，风力发电机组的产品性能对于后期的投资收益有着至关重要的影响。产品可靠性和性能的实现并不仅仅表现在理论设计和制造工艺方面；同时也需要通过特定的方法对零部件和整机产品进行测试，以验证其可靠性和性能；并且厂商通过试验的结果，可以重新回顾和分析理论、结构和工艺设计过程，以达到持续改进的效果。

为统一对风力发电机组的评价方法、提高产品公信度、增强产品竞争力、促进质量提升和消除贸易壁垒，国际电工委员会针对风力发电机组产品，提出了《风力发电机组 合格性测试与认证》（IEC 61400-22）标准，该标准规定了风力发电机组零部件、风力发电机组和风电项目从设计评估到调试以及运行的整个过程的规则和程序，评估结果可以签发下述证书之一：

① 型式认证证书。

② 项目认证证书。

③ 部件认证证书。

④ 样机认证证书。

样机认证的对象是已经在特定风场运行但还未准备进行批量生产的风力发电机组，样机认证应评估指定期内样机的安全性，应包含以下模块：

① 基本设计评估。

② 样机测试大纲评估。

③ 安全及功能测试。

型式认证着眼于风力发电机组整机的设计、结构、工艺、生产、质量、性能及一致性等方面的评估和审查，目的在于确保风力发电机组根据设计条件、相关标准及其他技术要求进行设计输入、设计输出和验证，并由有资质和能力的整机制造商生产制造，确保风力发电机组按照设计要求和条件进行安装、测试、运行及维护，最终为风力发电机组投入市场提供技术保障。

图 8-3 为标准规定的型式认证模块图，从图中可见，对风力发电机组的试验分为型式测试和型式特性测量两个部分。

型式测试的目的是通过采集的数据验证功率特性，对影响安全的项目进行必要的测试验证，以及对其他不能通过数据分析进行有效评估的方面进行试验验证，具体内容如图 8-4 所示。

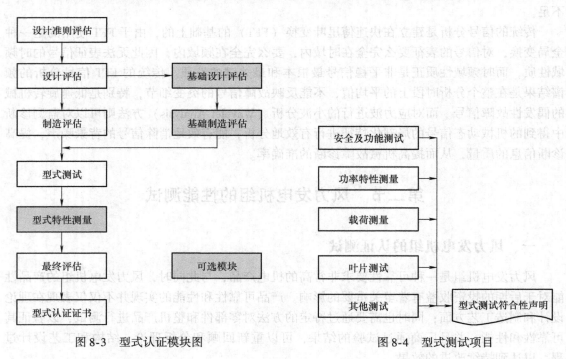

图 8-3 型式认证模块图   图 8-4 型式测试项目

其中，其他测试可根据认证机构或申请人的要求进行，主要包括：

① 主要机械和电气部件的热力学条件。

② 主要机械和电气部件的机械条件（振动、间隙、响应）。

③ 电子设备的环境测试。

④ 电磁兼容性测试。

型式特性测量是型式认证的可选模块，具体内容如图 8-5 所示。

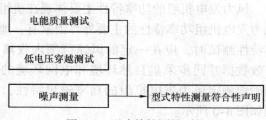

图 8-5　型式特性测量项目

二、安全及功能性测试

安全及功能测试的目的是验证被测风力发电机组具有与设计预期相同的行为。

安全及功能测试的范围包括：

1）一次系统在如下情况的保护行为：

① 电网失电。

② 紧急停机。

③ 转速超限。

④ 设计时考虑的其他严重停机情况。

2）二次系统在如下情况的保护行为：

① 安全保护系统出现一个故障。

② 电网失电。

③ 紧急停机。

3）机组正常运行时的控制行为：

根据设计在机组运行时，对机组的重要运行参数，比如变桨机组的桨距角进行控制。其他测试还应包括：

① 无故障运行时的紧急停机行为。

② 振动超限，通过调节振动保护门限实现。

③ 在额定转速或更高转速时进行过转速保护试验。

④ 在额定风速以上时进行的机组起动和停机。

⑤ 偏航控制，包括偏航超限保护。

⑥ 在额定风速以上条件下进行上述前三个项目的试验。

除 IEC 61400 − 22 标准外，DNVGL 公司提出的认证技术标准《风电机组控制和保护系统》（DNVGL − ST − 0438）对风力发电机组的安全和功能性测试细节提供了更多建议。

三、功率特性测试

风力发电机组的发电量取决于其功率特性、风力资源条件和运行可靠性，显然风力发电机组的功率特性是评价风力发电机组的重要技术指标，同时也是直接影响风电场投资的经济性指标。由于风力发电机组功率特性的测试来自于统计分析方法，而功率特性本身受到外界因素的影响比较大，因而其测试过程的规范性得到了各方面的高度重视。

（一）基本要求

风力发电机组的功率特性主要体现在机组的功率曲线、年发电量和功率系数方面。影响风力发电机组功率特性的主要外界因素有：地形、空气密度、大气压强及风况等。在进行功率特性测试时，应在一定的风速范围内收集足够多的有效数据并同步采集自然环境和电网环境的信息，以精确地测定风力发电机组的功率输出特性，其基本流程如图8-6所示。

风力发电机组功率特性测试的基本依据是国际电工委员会标准《风力发电系统-第12-1部分：风力发电机功率特性测试》（IEC 61400-12-1），该标准最新的版本为2017版，我国国家标准《风力发电机组功率特性测试》（GB/T 18541.2—2012）等同采用了IEC标准的2005版。上述标准新老版本存在很大的差异，新版本在测试方法和数据分析过程中，更多地考虑了气流的复杂性，在理解和执行过程中需要注意。

（二）测试内容

1. 场地评估

在进行功率特性测试时，首先应确定被测机组所在场地是否符合测试要求。

对于不进行场地标定的测试，测试场地地形应与要求的地形平面仅有微小差异，此平面既通过风力发电机组塔架基础，又通过测量扇区。

表8-2为对被测风电机组和测风塔周边地形的要求，如均符合，则可不进行场地标定。表8-2的要求根据的是IEC新版本标准，我国现行等同的IEC老版本标准只要求到8L的距离，地形最大变化的允许值也有不同。图8-7为结合表8-2所做的说明。

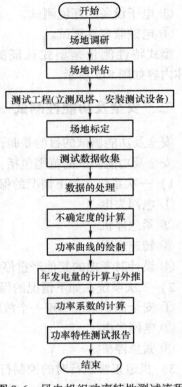

图8-6 风电机组功率特性测试流程

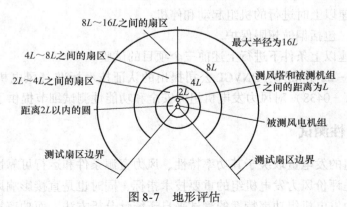

图8-7 地形评估

166

表 8-2　测试要求-地形变化

距离机组的距离	扇区（测试选点范围）①	地形最大倾角斜率（%）	地形最大变化
<2L	360°	<3②	<1/3(H−0.5D)
≥2L 且 <4L	测试扇区	<5②	<2/3(H−0.5D)
≥2L 且 <4L	测试扇区外部	<10③	不适用
≥4L 且 <8L	测试扇区	<10②	<(H−0.5D)
≥8L 且 <16L	测试扇区	<10③	不适用

① 扇区的评定规则可参考图 8-10，也可采用更为严格的要求。
② 与扇区地形最吻合，并通过塔架基础平面的最大倾角斜率。
③ 地形表面和塔架基础平面最大的倾角斜率。

表中，L 为风力发电机组与测风塔之间的距离，H 为机组轮毂高度，D 为被测机组风轮直径。

2. 障碍物评估

若在测试期间被测机组和测风塔邻近的风力发电机组仍处于运行状态，应评估其尾流对被测风力发电机组和测风塔的影响。如果风力发电机组在测试期间，邻近的风电机组一直停止运行，则应视为障碍物。

被测风力发电机组和邻近处于运行状态的风力发电机组之间的最小距离应是邻近运行机组风轮直径的 2 倍；测风塔和邻近处于运行状态的风力发电机组的最小距离应是该风力发电机组风轮直径的 2 倍。受邻近运行机组影响而需要剔除的扇区选择如图 8-8 所示，其中 L_n 为被测机组到测风塔的距离，D_n 为邻近处于运行状态风力发电机组的风轮直径。被测风力发电机组和测风塔都应导出需要排除的扇区，并且应集中于邻近运行机组到被测机组或测风塔的连线方向。

邻近被测风力发电机组或测风塔的障碍物的影响应被评估，并且该障碍物可被等效视为地形变化。在被测风力发电机组和测风塔的有效测量扇区内，不应有任何大型障碍物（如建筑物、树、停止运行的风力发电机组），仅与被测风力发电机组运行有关的小型建筑物或测量仪器可以被接受。以被测风力发电机组和测风塔为圆心，根据距离障碍物的远近，障碍物的高度或者地形变化情况进行限制，具体参见场地评估部分。

被测风力发电机组或测风塔受到障碍物影响时，均应考虑气流受到影响而需要剔除的扇区。等效距离 L_e 为障碍物到被测机组或测风塔的距离。障碍物的等效风轮直径 D_e 定义为

$$D_e = \frac{2l_h l_w}{l_h + l_w} \tag{8-9}$$

式中，D_e 为等效风轮直径；l_h 为障碍物高度；l_w 为从被测机组或测风塔看到的障碍物宽度。

受到邻近运行机组或障碍物影响的扇区应从有效扇区中剔除，其区域范围如图 8-8 所示。

3. 测风塔

应特别注意测风塔的安装位置，它不应距风力发电机组太近，否则在风力发电机组前面的风速会受影响。而且它也不应距风力发电机组太远，否则风速和输出功率之间的相关性将

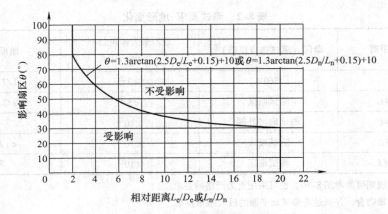

图 8-8 受邻近运行机组和障碍物影响的扇区

减小。测风塔应定位在距风力发电机组 $2D \sim 4D$（D 为风力发电机组风轮直径）的位置，推荐使用 $2.5D$ 的距离；测风塔应安装在所选的测试扇区内，如图 8-9 所示。

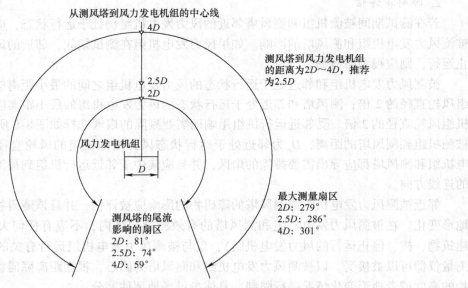

图 8-9 测风塔距离要求及允许的最大测量扇区

　　进行功率特性测试前，为帮助选择测风塔位置，应考虑在所有扇区内排除测风塔或风力发电机组受气流干扰的测试扇区。在多数情况下，测风塔的最佳位置是位于风力发电机组的上风向，测试过程中大部分有效风都来自这个方向。不过，在有些情况下，将测风塔安置在风力发电机组旁边也许更合适，例如风力发电机组安装在山脊上的情况。

　　测试扇区应排除有明显障碍物和其他风力发电机组的方向，从被测风力发电机组和测风塔二者看过去都应如此。

　　测风塔与被测风力发电机组的距离分别是 $2D$、$2.5D$ 和 $4D$ 时，测风塔受到被测风力发电机组尾流影响而排除的扰动扇区如图 8-9 所示。减小测量扇区的原因可能是特殊的地形情况，或者在有复杂构造物的方向上获取了不合适的测量数据。减小测量扇区的所有原因都应有明确记录。

4. 仪器设备

（1）电功率　风力发电机组净输出电功率的测量应采用功率测量装置（例如：功率变送器），并基于每相的电流和电压进行。电压、电流互感器和功率变送器的精度均应不低于0.5级。

功率测试装置的量程应足以测量风力发电机组发出和吸收功率的最大瞬时峰值。对于兆瓦级的功率调节型风力发电机组，IEC新标准建议功率测试装置的满刻度量程为风力发电机组额定功率的 −25% ~ 125%。在测试期间所有数据都应做周期性检查，以确保测试结果不超过功率测量装置的量程。功率变送器应依据可溯源性标准进行校准。功率测试装置应安装在风力发电机组和电网连接点之间，以确保测量的仅是净输出有功功率，即减去风力发电机组自身消耗的功率。当风力发电机组和升压变压器是组合成一体的时，应说明测试在机组侧还是电网侧进行。

（2）风速　根据现行国家标准，应使用风杯式风速计测量风速，用于功率特性测试的风速计级别至少应为1.7A，对于需进行场地标定的地形，推荐使用级别高于2.5B或1.7S的风速计。此外，风速计应当有很好的余弦响应特性。待测风速定义为瞬时风速矢量的水平分量的平均幅值，仅包含纵向和横向的湍流分量但不包括垂直湍流分量。因此，风速计的角响应应是余弦形的。所有报告中记录的风速，所有与运行特性相关的不确定度都应与此风速定义有关。

测试前后应分别对风杯式风速计进行校准。在6~12m/s的风速范围内两次校准拟合曲线的差值应在 −0.1 ~ +0.1m/s 以内。功率特性测试仅使用测试前校准结果。

风杯式风速计应正确安装在测风塔顶部，安装高度与轮毂对地高度的差在 −2.5% ~ 2.5% 范围内。

IEC标准则提出了风杯式和超声波式测风仪的适用范围和要求，并且要求测试风切变。针对风切变测试和复杂地形，标准提出了更多的风速测试高度和方法，并结合了风速计和遥感设备（如激光雷达、声雷达）的使用与不确定度评价。

（3）风向　使用风向标来测量风向，风向标应依据要求安装在测风塔的横杆上。由校准、运行和定位引起的风向测量合成不确定度应低于5°。

风向的测量除了采用传统的机械式风向标以外，可以采用2D或3D的超声波式测风仪以及遥感设备。

（4）空气密度　空气密度通过测量得到的气温和气压利用式（8-10）计算得到。在气温较高时推荐测量相对湿度，对空气密度进行校正。温度传感器和湿度传感器（如果使用）应安装在与轮毂高度差小于10m的范围内，以代表风轮中心的气温。

为能更好代表风轮中心的气压，气压传感器应安装在接近轮毂高度的测风塔上。如果气压传感器安装高度未接近轮毂高度，气压测量应根据ISO 2533对轮毂高度作修正。

（5）转速和桨距角　如有特殊需要，可以测量转速和桨距角，例如同期进行噪声测试。如果进行测试，需要在报告中按照标准要求进行说明。

（6）叶片状况　叶片状况可能影响功率曲线，尤其是失速控制的风力发电机组。对可能影响叶片状况的因素进行监控有益于对风力发电机组功率特性的理解，这些因素包括降雨、结冰和污垢等。

（7）风力发电机组控制系统　应识别、验证和监控足够多的机组状态信号以便根据标准要求来筛选数据。这些状态信号可以从风力发电机组控制系统中得到。应在报告中说明每种状态信号的定义。

（8）数据采集系统 数据采集系统用于收集测量数据并存储预处理数据，每个通道的采样速率至少是1Hz。

5. 场地标定

场地标定可以量化并降低地形和障碍物对功率特性测试的影响。地形和障碍物可能引起测风塔位置和被测风力发电机组风轮中心位置之间风速的系统性差异。此外，大气的稳定度和风切变也可能对此造成影响。

大气的稳定度、湍流和风切变在跨季节时都有可能产生变化。这些变化可能来自于地面植被、积水、雨雪等方面，因而尽量在同一季节完成功率曲线的测试。

场地标定的输出结果为：

1）测试扇区所有风向的尾流校正因子表。

2）尾流校正因子表的不确定性评价。

需要进行场地标定时，应在风力发电机组安装前（或将已经安装的风力发电机组拆除后）竖立两个测风塔。一个竖立于参考位置处，这个测风塔可用于功率特性测试。另一个竖立于被测风力发电机组位置处。测试的目的就在于建立这两个测风塔之间的风速关系。

被测风力发电机组位置处安装的测风塔应尽可能接近风力发电机组将被安装的位置，并且和参考位置的测风塔为同一型号，具有相同的外形。测风塔应尽可能接近塔架中心线且距中心线不得超过 $0.2H$，其中 H 是风力发电机组轮毂高度。

进行场地标定测试时，需要两个测风塔测试轮毂高度处的风速、近轮毂高度处的风向。IEC 最新标准提出，还应测试两个测风塔位置的风切变。

现行国家标准认为，测试需要采用两只风速计，一个风向标和一套数据处理/记录系统。参考位置处测风塔上安装的风速计和风向标也可用于功率特性测试。风力发电机组位置处的临时测风塔上的风速计应安装在尽可能接近风力发电机组轮毂高度的位置，高度差应在轮毂高度的2.5%范围内。在被测风力发电机组位置处的临时测风塔上可以再安装一只风向标，以提供场地气流畸变的补充信息。

场地标定测试中所用的传感器应满足前述中对于测试仪器的要求。两个测风塔用的风速计应为运行特性相同的同一型号风速计。风速计应在同一次风速计校准活动中校准。场地标定中测风塔上的仪器应与功率曲线测试时相同。若不满足以上要求应考虑增加不确定度。

场地标定时，数据应是与功率特性测试相同的采样速率连续采集的数据。数据结果基于10min 的连续测量数据。10min 数据组的平均值、标准偏差、最小值和最大值应被导出并保存。数据组按照风向区间存储，每一区间应不超过10°。风向区间应不小于风向传感器的不确定度。

下列情况下的数据组应从数据库中剔除：

1）测试设备故障或降级（例如由结冰引起）。

2）超出图8-9中规定的测量扇区的风向。

3）平均风速低于4m/s 或高于16m/s。

4）任何其他特殊的大气条件，如在场地标定测试过程中被认为影响了标定的最终结果，则该条件下采集的数据被列入不被采纳的范畴。

针对在场地标定过程中不被采纳的特殊大气条件，在功率特性测试过程中，该大气条件下的数据同样应被剔除。

对每个未被剔除的风速区间，场地标定数据组应至少包含24h，也即144组的数据。这些数据区间中的每个区间内应至少有6h的数据其风速高于8m/s，至少有6h的数据风速低于8m/s。除这些最低要求外，应对测试活动进行监控以保证数据收敛。

在场地标定过程中，通常不能获取足够的数据以确定用于场地评估的所有测量扇区的气流校正系数。此外，两个风向区间的校正系数可能发生突然变化。当2个相邻扇区的气流校正系数变化超过0.02时，建议把这两个风向从测试扇区中剔除。

在某些情况下，场地标定测试显示某障碍物对测量的气流校正系数没有可识别的影响。这种情况下的测试扇区可能增大，进而超出图8-8规定的要求。测试扇区的增加必须说明障碍物的尾流对被测风力发电机组风轮的潜在影响，即使其不影响轮毂处的风速计的结果。

通过两个测风塔测量得到的场地标定结果，在进行功率曲线测试时，可以用被测风力发电机组功率特性的结果进行校验。在额定功率以下，风力发电机组的参考风速可根据功率曲线和测量电功率的平均值得出。由电功率得出的被测机组风速和测风塔测量风速的比率可以按照风向进行区间分组。在理想情况下，这些风速的比率系数应与安装风力发电机组之前进行场地标定时，两台测风塔所确定的风速校正系数相当。

6. 数据采集和分析

数据测量对象如下：

① 风力发电机组净输出电功率。

② 测风塔顶部和风轮中心同等高度的风速。

③ 测风塔横杆的风向。

④ 测风塔顶部，高度接近风轮中心高度的温、湿度，进而计算空气密度。

⑤ 机组转速和桨距角。

数据应该以1Hz或更高的采样速率连续采集。气温、气压、降雨量等可以用较低采样速率采集，但至少每分钟一次。数据采集系统应储存采样数据或数据的以下统计值：

平均值、标准偏差、最大值、最小值。

所选数据组应基于10min的连续测量数据。

所选数据组应标准化到两种参考空气密度条件下。一为海平面空气密度，参考ISO标准大气密度（1.225kg/m³）；另一个为测试场地有效数据采集期间测量的空气密度平均值，四舍五入到最接近0.05kg/m³。当实际空气密度在1.225kg/m³ ±0.05kg/m³范围内时，无须把空气密度标准化为实际平均空气密度。另一选择为，将空气密度标准化至测试场地预定义的标准空气密度下。空气密度可根据式(8-10) 由气温和气压测量值得出：

$$\rho_{10min} = \frac{B_{10min}}{R_0 T_{10min}} \tag{8-10}$$

式中，ρ_{10min} 为得到的空气密度10min平均值；T_{10min} 为测得的绝对气温10min平均值；B_{10min} 为测得的气压10min平均值；R_0 为干燥空气的气体常数287.05J/(kg·K)。

对于有功功率控制的风力发电机组应采用折算后风速数据，可按式(8-11) 进行折算

$$V_n = V_{10min} \left(\frac{\rho_{10min}}{\rho_0} \right)^{1/3} \tag{8-11}$$

式中，V_n 为标准化后的风速值；V_{10min} 为测量风速的 10min 平均值。

测量的功率曲线是对标准化的数据组采用"区间法"（method of bins）进行处理的。采用 0.5m/s 的区间宽度为一组，标准化折算后的每个风速区间所对应的功率值根据式（8-12）、式（8-13）计算得出：

$$V_i = \frac{1}{N_i} \sum_{j=1}^{N_i} V_{n,i,j} \tag{8-12}$$

$$P_i = \frac{1}{N_i} \sum_{j=1}^{N_i} P_{n,i,j} \tag{8-13}$$

式中，V_i 为折算后的第 i 个区间的平均风速值；$V_{n,i,j}$ 为折算后的第 i 个区间的 j 数据组的风速值；P_i 为折算后的第 i 个区间的平均功率值；$P_{n,i,j}$ 为折算后的第 i 个区间的 j 数据组的功率值；N_i 为第 i 个区间的 10min 数据组的数据数量。

四、载荷测试

风力发电机组是集空气动力学、机电一体化、材料工程、计算机智能控制技术等学科于一身的高新技术产品。从工作机理角度考虑，风力发电机作为一种旋转机械，在不确定的自然环境中工作，受力情况十分复杂，因此必须考虑风力发电机叶片、主轴、塔架的载荷以及结构的机械振动稳定性等。从经济性角度考虑，风力发电机的设计不应该有过多的强度裕量，但又必须保证机组在安全寿命内具有足够的可靠性，尽量减小维修成本。对于风力发电机组制造商来说，单纯的停留在对风力发电机组的载荷计算及仿真方面是不能满足技术创新和优化设计要求的。风力发电机组制造商需要对风力发电机进行测试得到真实数据，并进行测试数据和设计数据之间的比较分析，从载荷谱分析及寿命计算两个方面对产品进行综合评估。

（一）基本要求

1）载荷测试是确定设计计算时及特定条件下的载荷量。进行风电机组载荷测试的基本依据是国际电工委员会标准 IEC 61400-13《风力发电机组机械载荷测试》，我国国家标准 GB/T 37257—2018 等同采用该标准的 2015 版。

2）测试场地应按照 IEC 61400-12-1 标准完成障碍物评估和地形评估。如果可以表明在气象塔处测量的风速和湍流强度代表了通过风力发电机组（例如，山脊上的风力发电机组和气象塔）的风速和湍流强度，则可以使用 IEC 61400-12-1 标准中的方法将测量扇区扩展到当前扇区以外。如果测试场地不满足 IEC 61400-12-1 标准的要求，则须进行现场标定。需注意的是，由于低湍流的平坦地形可能缺乏对风力发电机组动力学特性的激励，因此对于机械载荷测试来说并不是理想的地形。

通常，在机械载荷测试时，轮毂高度处风速的准确度要求不像功率性能测试的要求那样严格。然而，如果在预期有高湍流的复杂地形中没有进行现场标定，则测试数据不适合模型验证的风险会增加。

（二）测试内容

在表 8-3 中列出了待测的基本载荷，这些载荷发生在风力发电机组结构重要位置处，从这些测量结果可以导出风力发电机组的其他结构性载荷。在图 8-10 中还给出了基本载荷的分量。

表 8-3 风电机组基本测量载荷

载 荷	重 要 程 度
叶片根部弦垂向（摆振）弯矩（M_{bf}）	1 个叶片必须测量，其他叶片推荐测量
叶片根部弦向（挥舞）弯矩（M_{be}）	1 个叶片必须测量，其他叶片推荐测量
风轮俯仰力矩（M_{tilt}）	必须
风轮偏航力矩（M_{yaw}）	必须
风轮扭矩（M_x）	必须
塔底法向力矩（M_{tn}）	必须
塔底横向力矩（M_{tl}）	必须

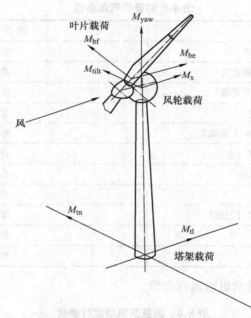

图 8-10 风力发电机组基本载荷：塔底载荷、风轮载荷和叶片载荷

根据最新的 IEC 61400-13：2015 标准，对于额定功率输出大于 1500kW、风轮直径大于 75m 的风力发电机组，应增加测量对象，见表 8-4。

表 8-4 额定功率输出大于 1500kW、风轮直径大于 75m 的风力发电机组的附加测量载荷

载 荷	重 要 程 度
叶片弦垂向弯矩分布	2 个叶片必须测量，其他叶片推荐测量
叶片弦向弯矩分布	2 个叶片必须测量，其他叶片推荐测量
叶片根部弦垂向弯矩	2 个叶片必须测量，其他叶片推荐测量
叶片根部弦向弯矩	2 个叶片必须测量，其他叶片推荐测量
叶片扭转频率和阻尼	推荐
变桨驱动载荷	1 个叶片必须测量
塔顶法向加速度	必须，当该信号用于控制器反馈时

（续）

载　荷	重要程度
塔顶横向加速度	必须，当该信号用于控制器反馈时
塔架中部法向力矩	推荐
塔架中部横向力矩	推荐
塔顶法向力矩	必须
塔顶横向力矩	必须
塔架扭矩	必须

表 8-5 列出了将在载荷测量方案中所需测量的气象参数。

表 8-5 测量的气象参数

物　理　量	重要程度
轮毂高度处风速	必须
垂直风切变（低于轮毂高度）	必须
垂直风切变（高于轮毂高度）	推荐
垂直风向切变	推荐
轮毂高度附近的上升流角/入流倾角	推荐
轮毂高度处的湍流强度（水平）	必须
轮毂高度处的风向	必须
空气密度	必须
轮毂高度处的湍流强度（三维）	推荐
冰冻程度	推荐
大气稳定度	推荐

表 8-6 列出了需要测量的机组运行参数。

表 8-6　测量的机组运行参数

参　数	重要程度
电功率	必须
风轮转速或发电机转速	必须
偏航误差	必须
风轮方位角	必须
所有安装了传感器进行测量的叶片桨距角 风力发电机组控制器输出	对于所有安装了传感器的叶片为必须 对于所有叶片为推荐
变桨速率	必须
制动器状态	必须
制动力矩（如不可能，可测试制动压力）[①]	推荐
风力发电机组状态	必须

注：变桨速率可以由变桨位置导出。

① 如果机械制动装置是主制动系统的一部分（例如，失速控制风力发电机组），则制动力矩的测量也是必需的。

（三）测试方法

1. 测量对象

（1）载荷　载荷传感器是对某个系统或部件所承受的载荷进行直接或间接测量的装置。典型装置包括但不限于：桥式应变片、载荷传感器/扭矩管（包括压电传感器）。

对于风力发电机组而言，很少能将测力计置于主载荷路径中。因此，应用于风力发电机关键部位的应变计被选择作为推荐的传感器类型。在应变计应用中，要避免导线受温度影响和载荷耦合效应影响，并保证适当的温度补偿。

为测量结构总载荷，在选择传感器安装位置过程中，建议选择满足下列要求的位置：

① 在单位载荷作用下，产生较大应变的位置。

② 应力和载荷之间具有线性关系。

③ 应力均匀区域（即：不存在大的应力或应变梯度影响的位置，避免局部应力过高或集中）。

④ 有安装传感器的空间。

⑤ 允许温度补偿。

⑥ 具有一致的材料特性（例如，钢材比复合材料更好）。

⑦ 材料易于固定或粘接测量装置。

（2）气象仪器　所有气象仪器的测量和安装应遵循 IEC 61400 - 12 - 1 中的要求。湍流强度通过在轮毂高度处的风速计（超声波或风杯式）的测量结果来定义。如果使用其他测风技术，得出的湍流强度应等同于通过超声波或风杯式风速计测出的数值。

冰冻程度可通过空气温度或结合相对湿度来测量。大气稳定度可通过两个垂直方位的温度差外加垂直风切变来测量。鉴于温度差较小，最好直接测量温度差，而不是分别测量两个温度。

（3）运行参数　风力发电机组的电功率输出可在任意点进行测量，只要描述合理，建议按照标准 IEC 61400 - 12 - 1 进行测量。风力发电机组主控制系统测量的功率也是可以接受的。

风轮转速可在低速轴或高速轴上测量。如果风轮转速在低速轴上测量，则应特别注意是否具有足够高的分辨率。如果风轮转速在高速轴上测量，则应特别注意保证采样频率足够高，可获得所需信号。

偏航误差应由风向和偏航位置导出。只有在按一定周期执行标定验证的情况下，才允许从主控制系统中获得偏航位置。

风轮方位角应在低速轴、高速轴（在低速轴上重置）上测量或由风力发电机组主控制系统提供。如果使用了主控制系统的信号，应对延时情况进行评估和记录。

叶片桨距角应直接由编码器测量或由风力发电机组控制器提供。如果使用了主控制系统的信号，应对延时情况进行评估和记录。

变桨速率应直接测量或由数据后处理期间的变桨位置推导得出。

如何最好地测量制动力矩，依赖于风力发电机组的配置。示例如下：使用制动压力（液压或弹簧压力）和假设的摩擦系数；通过在力矩反作用力臂上测量制动器两侧的轴扭矩或通过分析减速时间获得。

对风力发电机组运行状态的测量可使用主控制系统的信号（即并网、紧急停机、保护系统激活）。

制动状态应直接（使用接近传感器）或间接（通过制动压力或风力发电机组主控制系统；在这种情况下，应对延时情况进行评估和记录）测量。

2. 标定检查

（1）叶根弯矩 可以在靠近叶尖处施加一外加载荷来标定叶根载荷传感器；或者在叶片变桨将要超过至少90°的情况下，利用叶片的质量作为标定载荷，对叶根的摆振和挥舞弯矩信号进行标定。在校正其根部应变片时，由于载荷信号可用于测定叶根应变片布置处的弯矩，因此利用应变片位置以外部分的叶片质量和重心进行标定时，要求对沿叶片展向每单位长度的叶片质量分布非常清楚。

将风轮慢慢地旋转360°，叶片重力矩将引起摆振信号变化。如果可以变距，还能测量挥舞信号的变化。在初始标定中要测出这些变化值以便为后来的检查提供参考。应在低风速下进行这项检查。在检测摆振弯矩时，建议风力发电机组偏离风向90°。

（2）主轴扭矩 通常风轮扭矩通过测量功率输出和风轮速度来进行标定，同时将传动系效率和风力发电机组的功率消耗纳入考虑范围。轴扭矩信号偏移可在切入风速以下的低风速条件下，由慢速转动确定。

当风力发电机组在低风速条件下空转时，主轴上相位相隔90°的两个弯矩应具有相同的平均值和幅值。当风力发电机组在低风速条件下空转时，主轴上的两个弯矩的平均值应接近于零。旋转构件信号之间的相位差应与两个应变片电桥之间的夹角一致。主轴处的偏航力矩和塔顶扭矩应相近。主轴处的俯仰力矩和塔顶的等效俯仰力矩应遵循相同的变化趋势，同时，塔顶横向力矩应与主轴扭矩信号相近。

（3）塔基弯矩测量 通常，机舱与风轮组成的整体结构有一个偏离塔架中轴线的重力中心，由此产生了一个相对于塔架中轴线的重力矩，该力矩可用于标定塔架弯矩传感器。

塔架弯矩传感器的重力标定要求了解机头（机舱和风轮）相对于塔架中心轴线的重力矩，机舱的360°偏转将使各传感器在一次标定期间接受完整的重力矩作用。该方法主要用于塔架顶部传感器的标定。在塔架底部，重力矩与用于标定的工作载荷相比通常太小。在这种情况下，该方法仅用于塔架底部传感器标定值的验证。

在低风速条件下的偏航应以一定时间间隔执行。塔内相同高度处的两个弯矩的测试结果应以近似正弦形状（偏移一定角度）显示，当风力发电机组在低风速条件下偏航360°时，这两个近似正弦形状的测试结果具有相同的平均值和幅值。幅值应代表风力发电机组偏移塔架中轴线的重力矩，塔内两个弯矩的平均值应接近于零。各弯矩信号最大值和最小值发生的偏航位置应与应变计的轴向位置相对应。

3. 数据处理

和功率特性测试类似，载荷测试也对标准化的数据组采用"区间法"（Method of Bins）进行处理，因而在很多时候风力发电机组的功率特性和载荷的测试是同时进行的，在数据预处理阶段也可以有很多共用之处。

测量载荷的工作状态要对应于设计载荷的工作状态。因此，在进行载荷测量的过程中，就需要确定风力发电机组在各种特定的工作状态下的性能。这样才能根据测量载荷的工作状态对计算模型进行验证，然后这些模型可以用来估算设计条件下的载荷。

风力发电机组的设计标准规定了发电、带故障发电、启动及停机等多种载荷工况。风力发电机组的载荷测量状态（MLC）是按照设计载荷工况来进行的，但两者依然是有区别的，测试的载荷类型是针对疲劳载荷情况的测试，极限载荷不包括其中，这是因为极限载荷出现的概率较低，而风力发电机组部件的主要损伤是由疲劳载荷决定的，部件疲劳损伤时时刻刻存在于机组寿命期的运行状态和停机状态之中。载荷测试的运行条件分为稳态运行与瞬态运行两种情况，标准对各个区间、各种工况下的标准数据包俘获矩阵的数量进行了规定。

风力发电机组部件的设计寿命为 20 年，而载荷测试的时间远远小于寿命时间，而根据统计分析，机械结构零件最主要的断裂破坏因素是疲劳引起的。由于测试时间有限，并且载荷数据量大，将所得载荷数据直接用于风力发电机组设计和疲劳分析会出现较大的分析误差和无法预计的问题。为了使测试数据更具代表性，基于测试数据编制的载荷谱的准确性更高。统计分析的方法被广泛应用于风力发电机疲劳载荷谱编制中。

对材料和部件进行疲劳分析及寿命预测的方法包括应力-寿命、应变-寿命、裂纹扩展和点焊接头等方法。而应变-寿命方法是最为行之有效的方法，该方法在设计中被广泛应用，分析过程如图 8-11 所示。

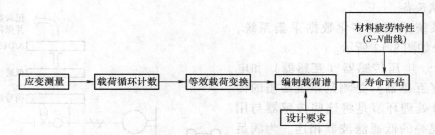

图 8-11　应力寿命疲劳分析过程

风力发电机组标准数据包俘获矩阵在经雨流计数法处理后，就会得到一系列载荷循环次数。根据风速分布情况和风力发电机组设计寿命，就可以得到各个载荷工况在风力发电机组寿命期间的总循环次数，从而绘制机组疲劳载荷谱。用横坐标来表示载荷循环次数，用纵坐标表示疲劳载荷大小，即能完整地生成疲劳载荷谱。编制风力发电机组零部件的疲劳载荷谱是对机械结构设计以及疲劳寿命进行分析和评估的基础。由于疲劳载荷通常具有时变性、周期性与随机性，使得设计变得极其复杂，因此准确计算、分析随机疲劳载荷是机械全寿命设计的关键步骤。进而，根据疲劳累计损伤理论和载荷威布尔分布的特征参数，可以计算得出累计疲劳损伤和剩余寿命。

五、电能质量测试

我国绝大多数风电场都是接入电网运行的，随着风电上网电量的增加，风电的电能质量日益受到关注，风电场的电能质量必须要满足电力系统的电能质量要求。风资源的不确定性和风力发电机组本身的运行特性使风力发电机组的输出功率是波动的，这会影响电网的电能质量，如电压偏差、电压波动和闪变及谐波等。通过对风力发电机组的电能质量进行测试，可以充分了解风力发电机组的电气特性，对于风力发电机组的电网适应性和风电场运行中的一些电网稳定性问题，甚至是电气装备的故障分析也提供了很好的研究基础。

（一）基本要求

风力发电机组的电能质量测试点为机组的并网点，采集的信号为三相电压和电流。部分风力发电机组可能包括升压变压器，可以由具体情况确定测量点位于变压器的低压侧还是高压侧，这对于电能质量的测试结果不会有显著的影响。测量的目的一般是，验证被评估风力发电机在全部运行范围的表征电能质量参数，风速超过15m/s时不需要进行测量。测量的结果只适用于风力发电机组特定的配置，在其他配置，包括控制参数改变时，都会造成对电能质量的影响。

在进行风力发电机组电能质量测试时，当风力发电机组不运行的情况下，50次以内的并网点电压总谐波畸变率的10min平均值应小于5%；电网频率的0.2s测量平均值在额定频率的−1%~1%范围内，电网频率变化率的0.2s平均值应小于额定频率的0.2%；机组并网点10min平均电压应在额定电压的−5%~5%以内；机组并网点10min电压不平衡度应在2%以内。

（二）测试内容

风力发电机组电能质量测试的主要内容有电压波动、谐波、低电压穿越、有功功率及无功功率。其中低电压穿越在故障电压穿越测试章节中已详细表述。

1. 测试设备

测量系统采用数字化数据采集系统，其组成部分如图8-12所示。

风速计、电压传感器（互感器）和电流传感器（互感器）是测量系统必需的传感器。信号处理环节是将这些传感器与用于信号抗混叠的低通滤波器相连。为满足测量准确度的要求，模数转换（A/D）的分辨率最低应为12位。设备准确度的要求见表8-7。

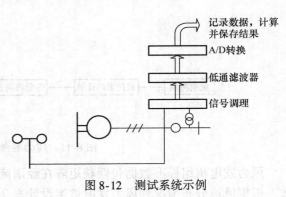

图8-12 测试系统示例

表8-7 设备精确度要求

设 备	准 确 度	符合标准
电压传感器	1.0级	IEC60044−2
电流传感器	1.0级	IEC60044−1
风速计	±0.5m/s	IEC61400−12−1
滤波器＋A/D转换＋数据采集系统	量程的1%	IEC62008

数字化数据采集系统用于记录、计算并保存结果。要求每个通道的电压及电流信号的采样速率最小为2kHz。测量谐波（高频分量）时，每个通道的采样速率最小应为20kHz。

风速信号的采样速率最低为1Hz。

在理想情况下，应采用安装在轮毂高度位置、不受风力发电机组阻挡或风力发电机组尾流影响的风速计测量风速，一般选择上风向2.5倍风轮直径处的位置。此外，轮毂高度处的风速可利用较低处测量的风速推算出来，或者利用校正后的机舱风速计信号结合测量功率及功率曲线计算得到。无论采用哪种方法，由风速计位置引起的不确定度应在−1~1m/s以内。

2. 电压波动

被测风力发电机组与中压电网相连，中压电网通常还连接有其他波动性负荷，这些负荷可能在风力发电机组输出端造成明显的电压波动。此外，电网的特性决定了风力发电机组产生电压波动的程度。而测试需要达到的目标是在测试地点得到不受测试场地电网条件影响的测试结果。为此，IEC61400-21 标准确定了一种方法，即利用风力发电机组输出端处测量得到的电流和电压时间序列在虚拟电网中模拟电压波动，虚拟电网中除风力发电机组外没有其他电压波动源。

电压波动的测量程序分为连续运行和切换操作两个步骤。这种划分反映了风力发电机组连续运行期间产生的闪变具有随机噪声的特征，而在切换运行状态下的闪变和电压变化则有许多时间上的限制，且不一致。

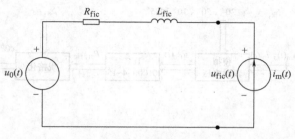

图 8-13　虚拟电网

虚拟电网如图 8-13 所示，用一个瞬时值为 $u_0(t)$ 的理想单相电压源和由电阻 R_{fic} 和电感 L_{fic} 串联组成的电网阻抗表示。风力发电机组用电流源 $i_m(t)$ 表示，$i_m(t)$ 为线电流的测量瞬时值。根据式（8-14），可以得出这个简单模型中模拟电压的瞬时值 $u_{fic}(t)$：

$$u_{fic}(t) = u_0(t) + R_{fic} \times i_m(t) + L_{fic} \times \frac{di_m(t)}{dt} \tag{8-14}$$

理想电压源 $u_0(t)$ 可以通过不同的方法得到。但应满足理想电压的以下两个特性：

1）理想电压源不应有任何波动，即电压闪变为零。

2）$u_0(t)$ 应与测量电压的基波具有相同的电气角 $\alpha_m(t)$。只要 $|u_{fic}(t) - u_0(t)| \ll u_0(t)$，就可确保 $u_{fic}(t)$ 与 $i_m(t)$ 之间的相角正确。

为满足以上条件，$u_0(t)$ 定义如下：

$$u_0(t) = \sqrt{\frac{2}{3}} U_n \sin(a_m(t)) \tag{8-15}$$

式中，U_n 为电网额定电压的有效值。

测量电压基波电气角的定义如下：

$$a_m(t) = 2\pi \int_0^t f(t)dt + a_0 \tag{8-16}$$

式中，$f(t)$ 为频率（可能随时都在变化）；t 为自时间序列开始记录起的时间；a_0 为 $t = 0$ 时的电气角。

利用式（8-17）选择 R_{fic} 和 L_{fic} 以获得合适的电网阻抗相角 ψ_k：

$$\tan(\psi_k) = \frac{2\pi f_g L_{fic}}{R_{fic}} = \frac{X_{fic}}{R_{fic}} \tag{8-17}$$

式中，f_g 为电网额定频率（50Hz 或 60Hz）。

虚拟电网的三相短路容量按式（8-18）计算：

$$S_{k,fic} = \frac{U_n^2}{\sqrt{R_{fic}^2 + X_{fic}^2}} \tag{8-18}$$

在进行连续运行测试时，分别按年平均风速 v_a 为 6m/s、7.5m/s、8.5m/s 和 10m/s 时的 4 种不同风速分布，对应电网阻抗相角 ψ_k 为 30°、50°、70° 和 85° 时，列表说明风力发电机组的闪变系数 $c(\psi_k, v_a)$，并按其累积分布概率为 99% 所对应的百分位数取值。

连续运行状态下风力发电机组闪变的测量和评估程序如图 8-14 所示。

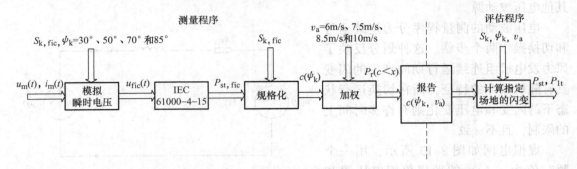

图 8-14　连续运行状态下风力发电机组闪变的测量和评估程序

风力发电机组进行以下几种切换操作时应说明相应的特性参数：

1）风力发电机组在切入风速时启动。

2）风力发电机组在额定风速或更高风速时启动。

3）发电机切换的最恶劣工况（仅适用于有多台发电机或多绕组发电机的风力发电机组）。

对上述每种切换操作类型，应给出以下参数：

1）10min 周期内某一种切换操作的最多次数 N_{10m}。

2）2h 周期内某一种切换操作的最多次数 N_{120m}。

3）电网阻抗相角 $\psi_k = 30°$、50°、70° 和 85° 时的闪变阶跃系数 $k_f(\psi_k)$。

4）电网阻抗相角 $\psi_k = 30°$、50°、70° 和 85° 时的电压变动系数 $k_u(\psi_k)$。

切换操作状态下风力发电机组闪变的测量和评估程序如图 8-15 所示。

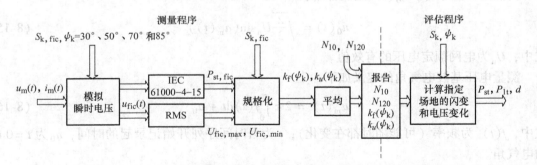

图 8-15　切换操作状态下风力发电机组闪变的测量和评估程序

3. 谐波

当风力发电机组有功功率 P_n 输出分别在 0%、10%、20%、…、100% 区间内时，以与 I_n 的百分比形式列表给出各电流分量（谐波、间谐波及高频分量）及电流总谐波畸变率。此处，0%、10%、20%、…、100% 为区间中点。应采用子群的方法给出直到电网基波频率 50 倍的各次谐波电流分量和电流总谐波畸变率。测量风力发电机组连续运行期间的电流谐波、间谐波和高频分量，并按照 GB/T 20320—2013 标准的要求在报告中说明。

测试结果应基于每个有功功率区间（区间中点为 0%、10%、20%、$\cdots$、$100\%\,P_n$）内、$10\mathrm{min}$ 观测周期以及电网电压谐波畸变率最小的情形。风力发电机组产生的谐波电流幅值在几秒钟内就会发生变化，采用的测量程序应适合这种情况。应剔除明显受电网背景噪声影响的测量数据。

电流谐波小于 $0.1\%\,I_n$ 的谐波次数不必写入测试报告。

对于每个 $10\mathrm{min}$ 时间序列数据，应计算每个频带的 $10\mathrm{min}$ 平均值（即每个子群的谐波、间谐波和高频电流分量），然后报告每个 10% 额定功率区间内每个频带的最大 $10\mathrm{min}$ 平均值。应给出测试期间的电压谐波情况，在报告中至少给出电压总谐波畸变率的 $10\mathrm{min}$ 平均值。

4. 有功功率

（1）最大测量功率　最大测量功率包括 $10\mathrm{min}$ 平均值 P_{600}、$1\mathrm{min}$ 平均值 P_{60} 和 $0.2\mathrm{s}$ 平均值 $P_{0.2}$，测试时采用下列程序：

1）仅采集连续运行状态下的数据。

2）在风力发电机组输出端测量有功功率。

3）切入风速至 $15\mathrm{m/s}$ 之间，每个 $1\mathrm{m/s}$ 风速区间至少应采集 5 个 $10\mathrm{min}$ 时间序列的功率测量数据。

4）风速测量结果为 $10\mathrm{min}$ 平均值。

5）利用分块平均将功率的测量数据转换为 $0.2\mathrm{s}$ 平均值和 $1\mathrm{min}$ 平均值。

6）$P_{0.2}$ 定义为测量周期内 $0.2\mathrm{s}$ 平均值的最大值。

7）P_{60} 定义为测量周期内 $1\mathrm{min}$ 平均值的最大值。

8）P_{600} 定义为测量周期内 $10\mathrm{min}$ 平均值的最大值。

测量电流时满刻度量程可以是风力发电机组额定电流的两倍。

（2）升速率限制　测试风力发电机组以有功功率升速率限制控制模式运行的能力时采用下列程序：

1）风力发电机组从停机状态开始启动。

2）功率升速率设定为 10% 的额定功率/min。

3）风力发电机组并网运行后测试 $10\mathrm{min}$。

4）在整个测试过程中，可获取的有功功率输出至少应为额定功率的 50%。

5）在风力发电机组输出端测量有功功率。

6）报告中的测试结果为 $0.2\mathrm{s}$ 平均值。

结果以测试周期内 $1\mathrm{Hz}$ 数据的时间序列图表示。

可获取的有功功率输出应从风力发电机组控制系统中读取，如果从风力发电机组控制系统读取不易实现，可基于测量风速参考风力发电机组的功率曲线得到近似值，测试结果示例如图 8-16 所示。

（3）设定值控制　测试风力发

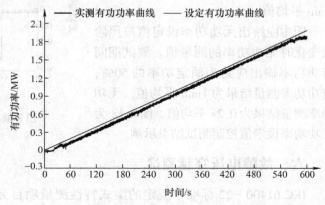

图 8-16　有功功率升速率的限制控制模式测量结果

电机组以有功功率设定值控制模式运行的能力时采用下列程序：

1）每个测试周期为10min。

2）为获得尽可能快的响应，测试期间应取消升速率限制功能。

3）如图8-17所示，有功功率设定值从100%开始以20%的步长依次降低，每个设定值运行时间为2min。

4）在整个测试过程中，可获取的有功功率输出至少应为额定功率的90%。

5）在风力发电机组输出端测量有功功率。

6）报告中的测试结果为0.2s平均值。

结果以测试周期内1Hz数据的时间序列图表示。

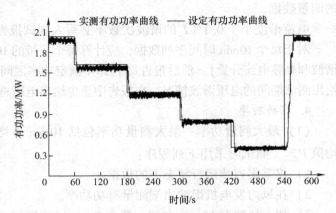

图8-17 有功功率设定值控制模式测试结果

可获取的有功功率输出可从风力发电机组控制系统中读取，如果从风力发电机组控制系统读取不易实现，可基于测量风速参考风力发电机组的功率曲线得到近似值，测试结果示例可见图8-17。

5. 无功功率

（1）无功功率能力 当风力发电机组1min平均输出有功功率分别为额定功率的0%、10%、…、90%、100%时，列表给出风力发电机组的最大感性无功功率和最大容性无功功率，测试结果为1min平均值。

（2）设定值控制 描述无功功率设定值控制能力的图表要求如下：

表中应给出无功功率设定值为零，有功功率输出分别为0%、10%、…、90%、100%的额定功率时对应的无功功率测量值。有功功率和无功功率应为1min平均值。

图中应给出无功功率设定值按照阶跃变化时无功功率的测量值。测试期间有功功率输出应约为额定功率的50%，有功功率测量结果为1min平均值。无功功率测量结果为0.2s平均值。图8-18为无功功率设定值控制测试结果示例。

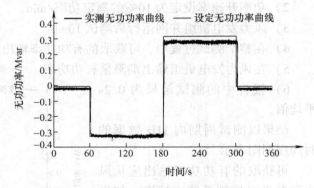

图8-18 无功功率设定值控制测试结果

六、故障电压穿越测试

IEC 61400－22标准中规定的型式特性测量项目为低电压穿越测试，而我国由于"三北"地区大量风电借助特高压输电工程输送到中东部地区进行消纳，因而针对风电基地的送出端提出了高电压穿越要求。各国都根据自身电网特点和运行方式提出风电接入电网时需要满足的故障电压穿越要求。我国对此的要求和测试方法可见于 GB/T 35995—2018《风力发电机组故障电压穿越能力测试规程》。

（一）基本要求

测试时应满足以下条件：

1）测试点的短路容量至少应为风力发电机组额定容量的 3 倍。

2）风力发电机组故障电压穿越能力的测试点位于机组升压变压器的高压侧。

3）电压故障造成的设备接入点母线电压偏差应在当地电网允许的电压偏差范围内。

风力发电机组低电压穿越测试的电压跌落见表 8-8，风力发电机组高电压穿越测试的电压升高见表 8-9。当风力发电机组有功功率输出分别在以下范围内时，测试风力发电机组对电压故障时的响应特性。

1）大功率输出，$P > 0.9P_n$。

2）小功率输出，$0.1P_n \leq P \leq 0.3P_n$。

表 8-8 电压跌落测试电压规格

序　　号	电压跌落幅值/pu	电压跌落持续时间/ms	电压跌落波形
1	0.90 − 0.05	2000 ± 20	
2	0.75 ± 0.05	1705 ± 20	
3	0.50 ± 0.05	1214 ± 20	
4	0.35 ± 0.05	920 ± 20	
5	0.20 ± 0.05	625 ± 20	

表 8-9 电压升高测试电压规格

序　　号	电压升高幅值/pu	电压升高持续时间/ms	电压升高波形
1	1.20 ± 0.03	10000 ± 20	
2	1.25 ± 0.03	1000 ± 20	
3	1.30 ± 0.03	500 ± 20	

表 8-8、表 8-9 中规定的电压跌落为空载测试时测试点的电压跌落情况。对表 8-8、表 8-9 中列出的各种电压故障，分别在三相对称电压故障和三相不对称电压故障情况下测试。

在电压跌落发生前 10s 至电网电压恢复正常后至少 15s 的时间范围内，分别在测试点及风力发电机组出口变压器低压侧采集以下数据，其中 4）~6）为风电机组在故障电压期间的参考信息量。

1）测试点电压、电流。

2）电压跌落过程中流经短路阻抗（升压容抗）的电流。

3）风力发电机组输出端的三相电压、电流。

4）风速。

5）桨距角。

6）发电机转速。

当进行风力发电机组故障电压穿越测试时，风速信号可由机舱风速计获取，风速计的精度应在 −0.5~0.5m/s 内。机组桨距角和发电机转速信号可从风力发电机组控制系统中读取。

故障电压发生装置原理如图 8-19 所示。对于通过 35kV 及以下电压等级变压器与电网相连的风力发电机组，电压故障发生装置串联接入风力发电机组升压变压器的高压侧。

（二）测试内容

1. 空载测试

（1）低电压穿越 在风力发电机组与电网断开的情况下，依照图 8-19，按照以下步骤进行空载测试：

1）断开风力发电机组升压变压器与故障电压发生装置的连接开关。

2）断开旁路开关 CB1，投入限流阻抗。

3）闭合短路开关 CB2，投入短路阻抗，在测试点产生电压跌落。

4）断开短路开关 CB2，退出短路阻抗。

5）闭合旁路开关 CB1，退出限流阻抗，电网电压恢复正常。

电压跌落持续时间为短路开关闭合、断开之间的间隔时间，测试时按照表 8-8 设置电压跌落幅值及持续时间。空载测试时电压跌落应满足允许误差的要求。

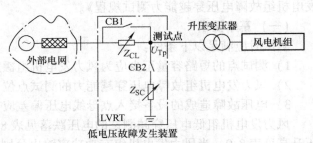

a) 低电压故障发生装置示意图

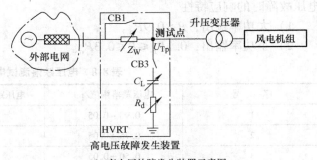

b) 高电压故障发生装置示意图

图 8-19 故障电压发生装置示意图

（2）高电压穿越 在风力发电机组与电网断开的情况下，依照图 8-19，按照以下步骤进行空载测试：

1）断开风力电机组升压变压器与故障电压发生装置的连接开关。

2）断开旁路开关 CB1，投入限流阻抗。

3）闭合短路开关 CB3，投入升压阻容，使测试点电压升高。

4）断开短路开关 CB3，退出升压阻容。

5）闭合旁路开关 CB1，退出限流阻抗，电网电压恢复正常。

电压升高持续时间为升压开关 SB3 闭合、断开之间的间隔时间，测试时按照表 8-9 设置电压升高幅值及持续时间。空载测试时电压升高应满足允许误差的要求。

2. 负载测试

（1）低电压穿越 负载测试时按照表 8-8 设置电压跌落幅值及持续时间，负载测试的限流阻抗及短路阻抗阻值应与空载测试保持一致。当风力发电机组处于并网运行时，依照图 8-19a 装置示意图，按照以下步骤进行负载测试：

1）断开旁路开关 CB1，投入限流阻抗。

2）闭合短路开关 CB2，投入短路阻抗，在测试点产生电压跌落。

3）断开短路开关 CB2，退出短路阻抗。

4）闭合旁路开关 CB1，退出限流阻抗，电网电压恢复正常。

（2）高电压穿越 负载测试时按照表 8-9 设置电压升高幅值及持续时间，负载测试的限流阻抗及升压阻容应与空载测试时保持一致。当风力发电机组处于并网运行时，依照图 8-19b 装置示意图，按照以下步骤进行负载测试：

1）断开旁路开关 CB1，投入限流阻抗。

2）闭合短路开关 CB3，投入升压阻容，在测试点产生电压升高。

3）断开短路开关 CB3，退出升压阻容。

4）闭合旁路开关 CB1，退出限流阻抗，电网电压恢复正常。

七、噪声测试

（一）一般要求

1）噪声测量是为了确定风力发电机组运行时的噪声特性。

2）噪声包括了一些环境的影响，要求根据噪声情况采取防护措施减小噪声，并应确认噪声减小和防护的效能。

3）环境噪声不应超过国家法律法规有关对附近居民影响程度的规定。

4）风力发电机组噪声排放特性值采用合适的方式通过测试和分析后确定。

（二）测试内容

噪声测试内容包括：

1）10m 高度风速为 6～10m/s 时的声值、频谱、声功率级。

2）1/3 倍频程声压。

3）声调可听度。

4）三个定点位置的声音传播方向。

5）最低极限值以上的噪声频率。

（三）测试设备和要求

风力发电机组噪声测试的基本依据为国际电工委员会标准《风电机组噪声测量技术》（IEC 61400－11—2012）。

1. 噪声测试设备

噪声测试设备应符合国际电工委员会标准 IEC 60804 的一级标准。拾音器的直径应 <13mm；除满足 1 级声级计要求外，该仪器还至少应在中心频率为 20Hz～10kHz 的 1/3 倍频程带范围内有一致的响应；信号滤波器应满足国际电工委员会标准《电声学倍频程和分类倍频程滤波器》（IEC 61260）对于第一类滤波器的要求。

2. 测量过程

（1）测量位置　IEC 61400－11—2012 规定了对于水平轴风力发电机组的噪声测试位置，如图 8-20 所示。

图 8-20 中有一个参考位置和三个备选位置，这四个测试点位于塔架基础平面的圆周上，其圆心即为塔架中心在基础平面的投影。测试位置的方向根据当时风向计测得的风向允许有 ±15°的偏差。圆周到塔架中心线的水平位置为 R_0，当 R_0 的位置有 20% 容差时，测量精度将有 ±2% 的误差。

参考的 R_0 和轮毂中心高度 H、风轮直径 D 应有如下关系：

$$R_0 = H + \frac{D}{2} \tag{8-19}$$

图 8-20 所针对的是一个标准场地的风场，如果实际风场的地形不满足要求，还需要进行额外评估。

在测试噪声时，要求同时测量风速和风向数据。轮毂高度处的风速可由功率曲线测定或者由机舱风速计测定。

在背景噪声测量过程中，应该用至少 10m 高的测风塔上的风速计测量风速。为实现现场校准，在整个测量过程中，都应该使用测风塔上的风速计测量风速。

测风塔的安放位置应相对稳定并可以代表风力发电机组位置的自由风。为了确保测风塔上测量的风速、轮毂高度处风速与传声器位置风速的相关性，图 8-21 给出了测风塔的位置要求。

对风速和功率的数据采集和算术平均应与声学测量同步进行。

湍流将会对风力发电机组气动噪声辐射产生影响。

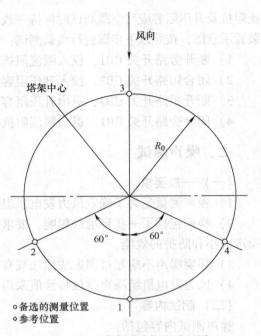

○备选的测量位置
◇参考位置

图 8-20　噪声测试位置平面图

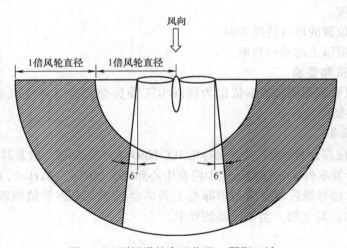

图 8-21　测风塔的合理位置（阴影区域）

（2）测试要求　声学测量应满足下列要求：

1）所有测量仪器应在测试前和测试后或传声器换位断开期间至少进行一次校准。

2）所有声学信号都应被记录和储存，以供分析时使用。

3）应去除间歇性背景噪声的影响。

4）测量风速范围和具体的风力发电机组型号有关，按照规定，轮毂高度处的风速范围至少覆盖 85% 最大功率时所对应的风速区间中心风速的 0.8 ~ 1.3 倍。

5）当风力发电机组停机时，使用同样的测量装备，在每组测量风力发电机组噪声之前或之后，在相似风况下立刻测量背景噪声。在测量背景噪声时，应尽力做到背景声的测量值能够代表风力发电机组噪声辐射测量期间发生的背景噪声。在整个测量期间，应该在同一个风速区间，如同测量运行总噪声一样多次测量背景噪声。

6）在测量时风速范围应尽可能大，为获取足够的风速范围，有必要做若干组测量。

7）在对应的风速范围内，背景噪声和运行总噪声都应至少测量180次。

8）在每一个风速区间内，背景噪声和运行总噪声都应至少测量10次。

除声学测量外，风速、电功率和转速应以至少1Hz的频率采样，如果还需要进行其他风力发电机组参数的测量，采样频率应该一致。

（四）测试结果

噪声测试结果应包括以下内容：

1）轮毂高度，各个区间中心风速对应的视在声功率级。

2）10m高度，整数风速下的视在声功率级。

3）在基准位置所测得的运行总噪声和背景噪声数据的曲线图。

4）一个显示所有的测量运行总噪声对应电功率的曲线图。

5）每一个区间中心风速下的1/3倍频程带声功率谱的表格和曲线图。

6）以列表形式给出运行总噪声和背景噪声的声压级。

练 习 题

1. 风力发电机组状态监测系统的主要监测量有哪些？

2. 风力发电机组状态监测系统在空间上分为哪三个部分？各自的职能是什么？

3. 振动信号的三大要素是什么？

4. 当风力发电机组在三相电压不平衡的情况下高速轴对中度不良，如何测试和分析上述两种因素对于高速轴端振动的影响？

5. 进行功率特性测试时，如需要进行场地标定，那么需要立几个测风塔？有什么具体要求？

6. 风力发电机组进行载荷测试的根本目的是什么？如何利用测试结果得到所需的结论？

7. 风力发电机组进行电能质量测试时，为什么评价电压波动和闪变需要采用虚拟电网的方法？

8. 在低电压穿越过程中，对于风力发电机组出口端的电压，空载测试时的电压高还是负载测试时的电压高？如果是在高电压穿越过程中呢？为什么？

9. 平坦地形中有两台风力发电机组，风轮直径均为120m，机舱高度均为100m，间距为600m，其中A机组为被测风力发电机组，B机组在A机组测试过程中正常运行。请问在进行功率特性测试时，因B机组对A机组的影响而需要剔除的测量扇区有多大？如果B机组位置不是风力发电机组，而是宽40m，高20m的楼房呢？

10. 一台变速恒频风力发电机组，额定风速为12m/s，在进行功率特性测试时，当bin区间的平均风速为5m/s和10m/s时，如果湍流特别大，对上述区间功率特性的测试结果会产生什么样的影响？为什么？

参 考 文 献

[1] FENG Y, TAVNER P. Introduction to Wind Turbines and Their Reliability & Availability [Z]. 2010.

[2] VERBRUGGEN T W. Wind Turbine Operation & Maintenance based on Condition Monitoring WT–Ω [Z]. 2003.

[3] PETER TAVNER. 海上风电机组可靠性、可利用率及维护 [M]. 张通，等译. 北京：机械工业出版社，2018.

[4] 陈长征. 设备振动分析与故障诊断技术 [M]. 北京：科学出版社，2007.

［5］Measurement and evaluation of the mechanical vibration of wind energy turbines and their components－onshore wind energy turbines with gears：VDI 3834－1［S］. 2009.

［6］辛卫东. 风电机组传动链振动分析与故障特征提取方法研究［D］. 北京：华北电力大学，2013.

［7］陈刚. 齿轮和滚动轴承故障的振动诊断［D］. 西安：西北工业大学，2007.

［8］SHENG S，VEERS P. Wind Turbine Drivetrain Condition Monitoring－An Overview［Z］. 2011.

［9］Wind turbines－Part 22：Conformity testing and certification：IEC 61400－22［S］. 2010.

［10］中国国家标准化管理委员会. 风力发电机组 合格测试及认证 GB/T 35792—2018［S］. 北京：中国标准出版社，2018.

［11］Wind turbine generation systems－Part 12－1：Power performance measurements of electricity producing wind turbines：IEC 61400－12－1［S］. 2017.

［12］中国国家标准化管理委员会. 风力发电机组功率特性测试：GB/T 18451. 2—2012［S］. 北京：中国标准出版社，2012.

［13］Wind turbines－Part 13：Measurement of mechanical load. IEC61400－13［S］. 2015.

［14］薛田威. 风力发电机组机械载荷测试及疲劳分析［D］. 沈阳：沈阳工业大学，2013.

［15］Wind turbine generator systems－Part 21：Measurement and assessment of power quality characteristics of grid connected wind turbines：IEC 61400－21［S］. 2008.

［16］中国国家标准化管理委员会. 风力发电机组电能质量测量和评估方法：GB/T 20320—2013［S］. 北京：中国标准出版社，2013.

［17］Wind turbines－Part 11：Acoustic noise measurement techniques：IEC 61400－11［S］. 2012.

［18］中国国家标准化管理委员会. 风电机组噪声测量方法：GB/T 22516—2015［S］. 北京：中国标准出版社，2015.